[英]彼得 · 马修斯 / [美]史蒂文 · 格林斯潘 著 _ 智越坤 译

机器伙伴

人机协同的未来时代

AUTOMATION AND COLLABORATIVE ROBOTICS

A Guide to the Future of Work

中国科学技术出版社
· 北 京 ·

北京市版权局著作权合同登记　图字：01-2022-2438

图书在版编目（CIP）数据

机器伙伴：人机协同的未来时代 /（英）彼得·马修斯（Peter Matthews），（美）史蒂文·格林斯潘（Steven Greenspan）著；智越坤译．—北京：中国科学技术出版社，2024.5

书名原文：Automation and Collaborative Robotics: A Guide to the Future of Work

ISBN 978-7-5236-0506-6

Ⅰ．①机…　Ⅱ．①彼…　②史…　③智…　Ⅲ．①人工智能—研究　Ⅳ．① TP18

中国国家版本馆 CIP 数据核字（2024）第 042416 号

策划编辑	申永刚　于楚辰	**责任编辑**	孙倩倩
封面设计	奇文云海·设计顾问	**版式设计**	蚂蚁设计
责任校对	吕传新	**责任印制**	李晓霖

出　　版	中国科学技术出版社
发　　行	中国科学技术出版社有限公司发行部
地　　址	北京市海淀区中关村南大街 16 号
邮　　编	100081
发行电话	010-62173865
传　　真	010-62173081
网　　址	http://www.cspbooks.com.cn

开　　本	710mm × 1000mm　1/16
字　　数	190 千字
印　　张	13
版　　次	2024 年 5 月第 1 版
印　　次	2024 年 5 月第 1 次印刷
印　　刷	大厂回族自治县彩虹印刷有限公司
书　　号	ISBN　978-7-5236-0506-6 / TP · 474
定　　价	69.00 元

谨以此书献给我的妻子帕特（Pat）和我的女儿乔治娜（Georgina），愿她们的未来充满阳光和快乐。

——彼得·马修斯

谨以此书献给我的妻子温迪（Wendy）、我的孩子汉娜（Hannah）和乔纳森（Jonathan），还有我的孙子们。愿他们乐享人生，并从本书中汲取智慧与学识。

——史蒂文·格林斯潘

序
缓步迈向乌托邦世界

当全新的织布机和工作规范横空出世时，英国的纺织技工们感到自己的生计受到了严重威胁，于是打着“卢德将军”的旗号，四处捣毁织布机和工厂，并试图说服英国政府否认技术进步，禁止使用新型机器。这些人史称“卢德派”。如今，卢德派已成为惧怕新技术的人的代名词，而自动化和机器人技术则催生了大批现代卢德派人士。

毋庸置疑，自动化和机器人技术及其各种表现形态必然会对社会以及每个人的生活和工作产生影响，而这种影响可能远远大于当年织布机和新工作规范对于卢德派的影响。社会上充斥着大量的负面报道和令人恐慌的谣言，进一步加深了人们的焦虑。抵制卢德主义思潮绝非易事，最好的办法就是加强教育。当人类的工作被机器取代时，产生这种本能反应也不足为奇。

媒体往往不甘寂寞，不停地宣扬“2030 年将有近 900 万英国人因人工智能而失业”“机器人正在抢走你的饭碗”，或者提出“当人工智能无处不在时，我们的社会将变成什么样子”的疑问，一些人本来就对未来惶恐不安，而电影和电视节目还在不停地宣扬人类正受到逐渐占据主导地位的机器的威胁，从而进一步加剧了这种社会性焦虑。

科幻类的影视剧和文学作品尤其青睐这种题材，目的就是在不知不觉中加深了人们的恐慌心理。人类对机器人的恐慌可以追溯到机器人这一术语的最初使用。1921 年，捷克剧作家卡雷尔·恰佩克（Karel Čapek）在其作品《罗梭万能工人》（*Rossum's Universal Robots*）中首创了机器人一词。从严格意义来说，该剧中的机器人并非我们所熟悉的那种机器人，实际上，它们更像一种半机械人，也就是人类和机器的组合体。机器人加入叛军，试图毁灭人类。

这种毁灭人类的主题在灾难类和恐怖类作品中经久不衰，时刻影响着公众的心态。

近年来，硬件和软件技术的大幅进步显著推动了自动化和机器人技术的发展。机器人操作系统（ROS）、改进的传感器和编码器都是机器人领域的核心技术。人工智能（AI）成为推动自动化和决策发展的重要技术。随着硬件技术不断发展，芯片和图形处理器的体积更小、速度更快，设备功耗更低，再辅以其他先进技术，使机器人技术的发展突飞猛进，影响着人类的日常工作与实践。如今，越来越多的软件和实体机器人被应用到现有工作中并发挥着重要作用。这些新兴事物将会影响人们未来的薪酬，并会减少知识工作者的数量。

自从工业机器人取代汽车工厂的生产线工人以及软件自动化取代常规分类账管理以来，人们就对包括机器人在内的基于计算机的自动化工作的不稳定性表示担忧。随着机器学习不断发展，人工智能工具可以处理更复杂的任务，人们的担忧与日俱增。

本书将通过概述当今设计师和开发人员所面临的重要技术问题来探讨自动化、协作机器人技术以及它们与未来工作的关系。

新技术对工作的影响可以视为“未来工作”“技术研究”和“技术挑战”三者之间的重叠部分，如图 0-1 所示。

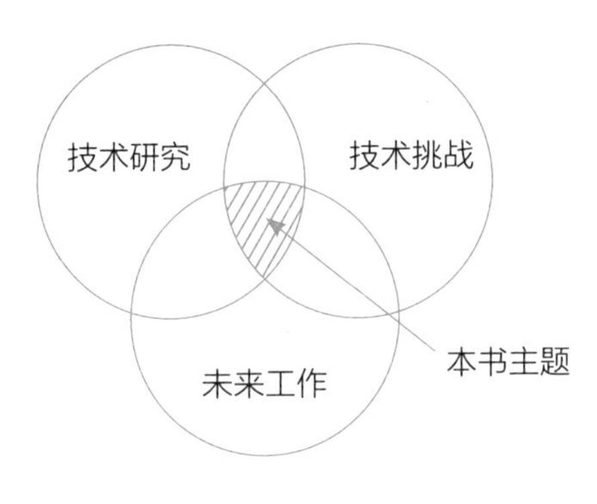

图 0-1　本书主题

本书的第一部分“为未来工作做准备”描述了未来工作的社会、政治和经济背景。我们将介绍自动化和机器人技术，以及人工智能技术。本部分还包含一些定义和描述，以阐明本书中使用的术语。

第二部分“机器人在工作”描述了当今机器人的工作方式以及与人类互动的方式。本部分包括对机器人流程自动化的价值论证，一些企业通过使用软件控制已经很好地实现了机器人流程自动化的价值。此外，本部分还探讨了机器人协作以及智能建筑和自动驾驶汽车等领域。

第三部分“机器人的社会意义”阐述了可能会在未来推动或破坏自动化和协作机器人的价值的两大主要领域。第一个领域是“数据融合”，其中探讨了可以帮助机器人理解全部数据集的基本技术。全部数据集包括没有预定义数据模型的或未以预定义方式组织的数据，即非结构化数据。我们将阐述将这些非结构化数据（如视频和音频数据）融入操作环境（其中包含表格、数据流和数据库中的结构化数据）中的重要性。第二个领域是“策略和规程”，我们将针对人们对于失控或有故障的系统和环境的顾虑开展探讨。机器人技术、机器学习和软件控制技术的规程和合规性监管目前仍处于起步阶段。前文所述的几个引发公众恐慌的故事也激发了人们对这一领域的兴趣。

本书不仅可以从内容上划分为以上三大部分，还可以基于经验和判断来划分为两种观点。

一种观点关注机器人和流程自动化面临的技术挑战。如何调整工作以利用机器人技术和自动化的最新成果？目前该技术存在哪些局限性？我们应该如何解决这些问题？哪些应用最有可能从机器人技术的最新成果中受益？不同的应用如何在同一个技术解决方案中实现协作？这些问题体现出彼得·马修斯的背景和兴趣，他从 20 世纪 90 年代末开始就钻研机器学习和软件机器人技术。彼得·马修斯在数据库完整性、信息系统管理和决策支持等方面的丰富经验在本书第二章、第三章、第五章和第六章中得到了充分展现。

另一种观点则关注机器人对企业和工作管理的影响。机器人和自动化的应用对企业决策和组织结构有何影响？在人类与协作机器人共存的世界中，人类需要掌握哪些新的竞争技能？机器人需要具备哪些能力才能在团队中实现高效协作？制造和使用机器人的公司应承担哪些责任和义务？这些公司应如何与政策制定者合作，创造一个可持续发展的健康社会？这些问题体现出史蒂夫·格林斯潘在认知和组织心理学以及用户体验设计方面的经验。史蒂夫·格林斯潘在隐私、信息技术和信任方面的研究为第一章、第四章和第七章的观点提供了理论基础。

这两种观点可以让我们研究机器人与自动化技术之间的关系以及业务流程与企业之间的关系。

本书有何特色?

很多书和文章都从社会、经济和政治的角度来探讨未来工作的前景。本书则另辟蹊径，着重探讨了未来工作、技术研究、技术挑战之间的关系。彼得和史蒂文都具有深厚的科研背景，曾与一流的大学和研究机构开展合作，对不断发展的自动化和机器人领域的基础研究的现状和进展具有深刻的洞察力。他们对云计算、人工智能、企业自动化、风险管理和决策等方面都有深入研究，并且参与了许多重要的研究项目。协作机器人技术、数据融合、智能建筑和网络边缘管理是他们的最新研究课题，也为本书提供了理论支持。本书探讨的许多研究挑战都尚处于早期阶段。

为了验证研讨结论，我们将与一流的科研人员进行面谈和讨论。这些科研人员都是各个行业的翘楚，他们将阐述各自的研究成果，关注重点以及该研究的未来目标。

人类与机器人的交互方式对于我们理解协作机器人和自动化非常重要。我们将探讨人类如何与机器人合作，机器人之间如何互相合作，以及它们如何进行团队协作。我们将以未来工作为背景对此进行探讨。

本书并未探讨工业机器人及其对生产线和工人的影响，因为我们认为执行重复性任务的工业机器人不会给现状带来显著改变，而协作机器人及其与人类的合作关系将在未来的岁月中持续发展进步。

未来工作的前景

在前文中，我们已经提及一些大众媒体和专业媒体的炒作。尽管此类宣传在一定程度上会影响公众的观点，但并不能左右总体推测结论。很多商业和学术作家、分析师和研究人员都在推测新技术对劳动者的影响。我们可不打算像某些作家那样用水晶球故弄玄虚地预测未来，而是基于当前的事实和新的科研成果来进行推测，进而总结出自动化和协作机器人对工作和社会产生的影响。有一些作家对此类影响进行了有趣的分析。斯蒂芬·塔尔蒂（Stephen Talty）曾于 2018 年在《史密森尼杂志》（*Smithsonian magazine*）上发表文章《当人工智能无处不在时，我们的社会将变成什么样子？》（*What Will Our Society Look Like When Artificial Intelligence Is Everywhere*），预测未来人工智能的商业应用会日益增多。这一观点得到了许多大学和分析师团体的报告支持。根据预测，到 2025 年，全球人工智能软件市场有望增长 154%，市场总额预计将达到 226 亿美元。

对未来工作的前景进行早期调研将为相关科研和技术的讨论奠定基础。我们将在开篇阐述我们对未来工作的看法，然后探讨科研和技术的现状，最后阐述机器人在社会中的定位。本书引用的一些技术术语和研发流程可能会较难理解，但我们会尽量简单明晰地解释这些术语。涉及经济领域时，我们会让马丁·福特（Martin Ford）出场，他对机器人的崛起和经济影响等方面的研究颇有成效。

政客们的任务艰巨，需要动员劳动者做好充分准备以应对自动化技术带来的就业机会和相应的经济冲击。我们会为劳动者提出很多建议来提升其收入，比如自己来聚合数据并出售访问权限，而不是被动等待数据聚合商。还有一些其他的建议，比如保障基本生活工资等。显然，社会将不得不适应未来就业形势的变化和影响，因为这种影响与当年卢德派试图摧毁的“织布机”一样具有强大的破坏力。

目 录
CONTENTS

第一部分
为未来工作做准备

PART 1

第一章
机器人会取代人类吗?

当人类文明的曙光普照大地时，在西伯利亚的丛林中，一个小部落中的一群人正在热火朝天地讨论着一件对于他们自身甚至整个人类都非常重要的事情。当时正值凛冬。人们在激烈地讨论，而狼狗们则在旁边吃着人们的残羹剩饭。它们的体形比狼小，早已被人类驯化用于拉运重物。还有一些体形较大的狼狗能够比人类更敏锐地嗅探到熊的气味。因此，部落中有些人提出繁育和训练这些狼狗来进行狩猎。而此时那些以敏锐嗅觉而闻名的猎人则表示反对，因为他们担心自己的看家本领会受到这些具有更敏锐嗅觉的犬类的威胁。

当然，上述例子是我们编造的。我们并不知晓当时人们是否会针对这些事情展开辩论，但可以肯定的是，人类从远古时期狩猎、采集食物和进行商品贸易时就一直在努力尝试改革工作方式。

无论如何，历经数代人，该地区的猎人一直都备受推崇，不仅因为他们能英勇地与熊搏击，还因为他们能够训练猎狗并与之交流。地位、自尊和财产权，这些构成人间悲喜的要素早在人类处于部落时期就已形成，并错综复杂地融入人类的工作和日常生活中。

所有动物都为了生存而奔波忙碌，人类也毫无例外。我们努力生产食物、建造房屋和取暖，我们努力创造娱乐，努力教会别人生产和交易生活必需品，努力为社会福祉做贡献。我们还制造各种机器并训练动物，以增强我们的力量、耐力、灵活性、机动性以及（现代社会的）通信和智能。

这些机器和动物对我们构建文化的方式产生了重要影响。例如，时钟可以帮助我们合理安排日常工作，构建工作场所的有序结构；在 17 世纪，人们还采用隐喻的方式来阐释大脑的工作原理。最近，人们还将大脑与（早期的）交换机、(具有短期和长期存储以及数据传输功能的)串行计算机以及深度学习和自组织网络进行了比较分析。

这些重要技术还提供了一种用于人类交互的框架。但是不同于以前的技术,最新一代的机器(即机器人)是半自主运行的。在一些具有狭义范畴和界定明确的领域(例如游戏、海底勘探、卡车或汽车驾驶)中,机器人开始尝试根据实时场景和长期目标做出决策。

这虽然不是通用人工智能(AGI)[1],但至少模仿了人类意图和特定领域的智能。计算机架构是我们用于思考自身和社会的一种隐喻模型,我们需要一些适用的隐喻模型来帮助我们指导政策、实施技术研究和发明以及应用机器人技术。

机器技术下一阶段的重要任务是将智能和半自主的机器人技术应用到工作场所中,从而可以完成那些曾经被认为"仅适合人类完成"的认知型任务,例如社交互动、业务流程设计和战略决策制定等。人工智能、机器人技术和自动化将大规模应用,代替人类完成认知型任务。[2]

在本章中,我们将探讨机器人技术如何影响我们的生活、工作、商业和军事流程等。此外,我们还将探讨机器人具备哪些技能,以及哪些工作或任务可能需要(或必须)由人类介入。

机器人技术对工作的影响

关于自动化对劳动者以及政府经济政策的影响,存在许多不同观点。在很多情况下,生产将不再依靠人类劳动,因为大多数生产是通过机器人和自动化流程完成,这样就造成了大多数工人失业。在这种情况下,贫富差距拉大,财

[1] 通用人工智能(或称强人工智能)是一种具备人类意识和自主性并可以执行人类认知型任务的智能机器。

[2] 罗德尼·华莱士(Rodney Wallace)在阅读本章早期版本时发表的个人意见。

富越来越依赖于遗产和投资。

即使在不太极端的条件下，自动化也具有很强的破坏性，人类的工作将被替换或转型。不管这种情况是否会造成大规模失业或进入“后匮乏”时期，我们都可以依靠自身努力来保证稳定的收入和获得理想的创造性工作。这个世界将被那些掌握先进策略和技术的发达经济实体重塑。

就业和社会结构将如何转变？在工业时代的初期阶段，蒸汽热能被大规模转化为机械能。后来，人类成功发电并将其转化为机械能或光能。然而，如果这些技术当初没有应用到社会和商业创新中进而创建了由熟练和非熟练工人构成的庞大劳动力市场、工厂组织、保险公司等，那么这些技术就不会改变社会。而这一趋势又推动了现代消费经济的发展，形成了以创新、高效和大众消费为特色的信息时代。

技术应用的近代历史表明，信息技术会使那些重复性的并且无法实现自动化的工作贬值。需要技术参与但非执行型的工作也将转型或被取代。实际上，整个业务流程都将重构，烦琐、肮脏或危险的工作将被剔除，日常策略决策将由数量更少但具有更高专业素养的职员和专业工人下达。而同样的技术和经济压力则会使那些聚焦于网络、流程设计和创造力的工作提升价值。

例如，在智能手机和网络计算机还未普及的年代，自动取款机和电子银行就导致了实体银行数量减少，低技能的银行职工被淘汰，而熟练型数据录入职员和银行文员也大幅减少。其余银行职员的工作则发生了变化，将重点转向推销贷款和其他金融服务。与以前的机械技术不同，信息技术取代的不是体力劳动，而是可预测的和重复性的认知型劳动。技术创新和社会创新将共同发展。新型组织将应用和调整新技术，以实现社会、工业和个人的目标。

我们正在进入智能机器人时代。为了解其对工作的潜在影响，我们将在后续章节中回顾早期工业转型对工作的影响以及自动化造成的社会影响。首先，我们来看看在工业革命初期纺织工业中引入新技术后工人们有哪些反应。

抵制工业时代

卢德派当年强烈抵制工业技术，从实质来说，不是非技术工人面对工作转型的反应，而是高薪的技术型工人面对工作流程简化和自动化技术的各种谣言而做出的反应。卢德派们以虚构的领袖“卢德将军”为名义，通过舆论批判和暴力行动来抗议新技术压低了他们的工资。1811 年 3 月，在拿破仑战争导致的萧条经济背景下，工人们在伦敦以北约 130 英里[1]的集镇里掀起了这场运动。抗议者捣毁了剪切机等设备，因为这些设备会让那些高收入的剪毛者失业。剪毛者是指在剪切工序后剪羊毛的技术工人。这场抗议运动愈演愈烈，随后发展为暴乱，最终被英国军方镇压。

让我们拨开迷雾，认清卢德派叛乱的真相：纺织工人其实并不是反对技术或自动化本身，而是希望新技术能让技术工人有用武之地[2][3]，能够生产出高质量的商品。纵观历史，从柏拉图笔下的埃及法老塔姆斯（Thamus）对文字的批判[4]到如今人们对机器人技术的顾虑，人类一直都关注着技术的产生与发展是否符合人类自身价值。

---

❶ 英里：1 英里约等于 1.6 千米。——编者注

❷ 琼斯（Jones, S.E.）（2013）。《反对技术：从卢德派到新卢德主义》（*Against technology: From the Luddites to neo-Luddism*）。然而，在现代用法中，“卢德分子”和“新卢德分子”表示反对创新和进步的一类人。

❸ 提花织机经常与卢德运动联系在一起。但事实上，这些机器直到 19 世纪 20 年代才进口到英国。

❹ 乔伊特（Jowett, B.）（2005）。《柏拉图作品集：菲德罗篇》（*Phaedrus by Plato*）。在与菲德罗的对话中，苏格拉底讲述了塞乌斯（发明文字和许多其他事物的埃及神灵）与埃及法老塔姆斯之间的会面。塔姆斯希望将塞乌斯的发明介绍给埃及人，以造福他们。塔姆斯非常谨慎，认真询问每项发明，并依次批准或否决。塞乌斯认为文字可以增长智慧和提高记忆力；而塔姆斯则认为，塞乌斯偏袒自己的发明，文字出现后，由于人们不再用大脑记忆，就会变得愈发健忘。这种理论貌似真理，其实漏洞百出。“看似无所不知，其实一无所知。”

信息时代

曼努埃尔·卡斯特尔（Manuel Castells）在其 1996 年所著的三卷本研究著作《信息时代：经济、社会和文化》（*The Information Age: Economy, Society, and Culture*）中，强调了人类智力的重要性：

> 只要尖端信息技术越来越广泛和深入地渗透到工厂和办公室中，市场就越需要那些有能力并愿意规划和决定整体工作顺序的，自主性强并且受过良好教育的工人。

专注于工作自动化的信息时代已经沿着卡斯特尔和其他作家预测的路线逐渐展现在我们面前。[1] 值得注意的是，需要极低技能和极高技能的工作往往不会被自动化取代。有种荒谬的说法：自动化只会影响收入最低的工人。而事实恰恰相反，在信息经济中，被自动化取代的是那些具有高度重复性的信息工作（例如：文书工作、信息分类工作，以及重要文档和交易记录的筛选和归档等工作）。可以预见的是，人工智能和机器人技术正在突破重复性信息任务的界限。

要理解工作和任务将如何转型，我们首先要理解信息时代中工作和任务的结构。图 1-1 引自卡斯特尔 1996 年的著作《网络社会的兴起》（*The Rise of the Network Society*）。在分析工作转型时，卡斯特尔建议围绕三个维度构建一种“新劳动分工”。第一个维度是“价值创造”，即“在给定工作流程中执行的实际任务”。第二个维度是“关系建立”，是指工作和组织之间的联系方式。第三个维度是“决策制定”，描述了管理者和员工在决策过程中各自扮演的角色。

---

[1] 例如，福特（Ford, M.）（2015）。《机器人的崛起：技术和未来失业的威胁》（*Rise of the Robots: Technology and the Threat of a Jobless Future*）。基础书籍出版社。

尽管这三个维度都很重要，但本书仅讨论第一个和第三个维度。[1]

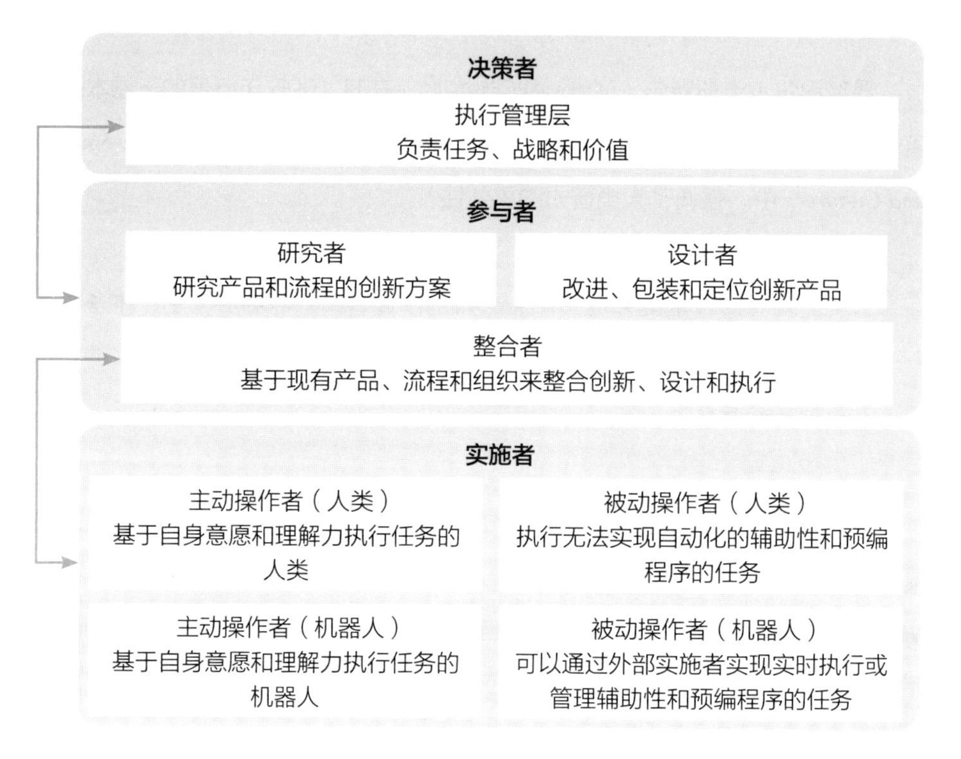

图 1-1　价值创造和决策制定流程

大多数信息主导型工作都可以通过这种流程来进行构建。以此为基础，我们就能够探讨在人类和机器构建的网络社会中，机器人怎样影响着人类的工作。我们将在后续章节中看到，机器人正在逐渐改变执行型工作（例如，建筑机器人可以采用 3D 打印技术来打印出新房子），以及在较小程度上改变参与型

---

[1] 卡斯特尔将这些维度描述为正交维度，图 1-1 展示了其中两种维度是如何关联的。例如，决策者可以在任何级别的管理和控制中发挥作用：在决策中包含决策者、参与者以及决策的实施者。因此，同样的模式可以在研究、设计、整合者和操作者任务中重复使用。将这两种维度结合在同一实例中可以很好地阐释企业中的工作。"关系建立"在信息时代至关重要，我们将在后面有关协作机器人技术的章节中进行探讨。

工作（例如，机器人的好奇心可以积极地促进科学观察）。

令人欣慰的是，机器人技术转型也在创造新的工作岗位，其中人类正在研发机器人技术并整合到现有的工作流程中，或者创造与自动化和机器人更加兼容的新工作流程。不论在工厂、医院，还是在零售店，人类都在努力学习新技能，以便监督和管理机器人。由于执行型工作正在被取代，因此参与决策过程的工作（图 1-1）会相应增加。

机器人流程自动化（RPA）和人工智能（AI）已经开始改变工作

在过去的几十年中，机器学习（ML）和软件的发展实现了日常工作的自动化和有限的自主性。在近十年里，这些技术的发展日新月异，逐步成熟。垃圾邮件过滤器、拼写和语法检查器以及软件流程自动化的支持技术已经得到长足发展，用于开发可自动驾驶的汽车，可进行面部识别和情绪分类的视频应用程序，可自主勘探海域的海军舰艇，以及可在崎岖地形中行进并进行科学实验的机器人。

我们将在后文中详细讨论这些突破性的技术，而现在我们重点探讨这些技术将给我们的工作和生活带来哪些影响。

机器人时代

世界经济论坛（WEF）预测，在未来几年中，社会对新工作的需求将不断增加，从而将抵消对其他工作的需求。而同时该论坛又警告说，这种增长也不能完全确保：

> 至关重要的是，企业必须积极组织现有劳动力来学习新技能和提高现有技能，个人必须终身积极主动地进行学习，政府必须迅速地和有创

造性地营造良好的环境，以提供有效支持。

世界经济论坛进一步推断，这种情况是必然的结果，不仅发生在那些具有高技能水平和有价值的员工中，这种制胜策略必须覆盖各个层级的员工。

人类沟通协调和互动并做出决策所花费的总任务小时数的占比将减少，而机器的总任务小时数则成比例地增加。人类在更高级别工作的任务小时数的占比预计将减少 9%。分析的结论表明，人类未来的工作时间并不一定缩短，但可以肯定的是，人类在工作中将更加依赖机器。

另外，世界经济论坛的《未来就业报告》（*The WEF Future of Jobs Report*）重点描述了就业技能的未来变化趋势。手工技能、时间管理和协调、监测和控制以及书记技能将变得不那么重要，而创新和创造力[1]、批判性思维、情商和系统思维将变得更重要。

世界经济论坛创始人兼执行主席克劳斯·施瓦布（Klaus Schwab）采用引领第四次工业革命的技术进步模型来探讨未来工作和社会的前景。在第一次工业革命中，我们学会使用水和蒸汽来促进商品生产。在第二次工业革命中，人们开始使用电力进行大规模生产，在某些情况下还为生产的商品供电。在第三次工业革命中，电子和信息技术实现了生产自动化、内容的数字化和信息经济。第四次工业革命正在进行，模糊了数字、生物和机械过程之间的界限。

在第三次工业革命之前，大多数技术突破都是关于转化、应用或控制能源（例如电气化、汽车、空调）以及制造新材料（例如合成纤维纺织品、液晶屏幕、药品）。这些技术不仅为人们提供了新的工作岗位，而且还创造了许多辅助

[1] 诸如创造力、批判性思维和社会智力之类的术语很难给出精确的定义，但是该报告列举了与这些术语相关的一些特征。创造力就是发挥主动性，在很少或没有监督的情况下工作，就某个主题或解决方案提供原创的或独特的想法，并根据这些想法采取行动。批判性思维就是“使用逻辑和推理来确认替代解决方案、结论或问题解决途径的优缺点”。情商就是具有同理心，愿意与他人沟通和合作，具有社交洞察力。

性工作。例如，汽车生产需要修建厂房、提炼金属、修建职工食堂、提供日常服务、制作工作服等。这种趋势在第三次和第四次工业革命中已经发生重大转变。在第三次工业革命中，出现了容易复制的软件，这与汽车行业完全不同。在当今第四次工业革命进程中，“机器人时代”来临，一些智能实体装置将会激增，包括仿生机器人、非仿生机器人、无人机和水下机器人等，而它们的生产将由机器人和自动化流程来完成。

如前所述，重复性和机械式的工作正在逐步减少，至少在一段时间内是这样的，而涉及发明、研究和创造的工作正在逐步增加。

与机器人一起生活

要想真正掌握下一代技术赋能，人类必须学会与机器人合作。正如在过去的几十年里，计算机技能逐步成为就业的重要因素一样，在未来，机器人技术的普遍应用将变得越发重要。世界经济论坛在其报告中探讨了未来可能出现的变化和机遇。此外，随着机器人具有更低的价格、更强的社交能力、更佳的认知敏捷性，我们必须开始学习如何与机器人进行交流和合作并做好充分准备。

在 1960 年，尽管当时计算机仍主要用于数学分析，但博尔特 · 贝拉尼克 - 纽曼公司（Bolt Beranek and Newman, Inc.，即 BBN 公司）时任副总裁的 J.C.R. · 利克莱德（J.C.R. Licklider，人们常称他为“Lick”）发表了一篇具有开创性意义的论文《人机共生》（*Man-Computer Symbiosis*）。后来，利克莱德担任美国国防高级研究计划局（DARPA）信息处理技术办公室的主任。他精通物理、数学和心理学，在心理声学[1]、人机交互和计算机网络理论等领域做出了重大贡献。他曾设想网络计算机分时集合，并最终促成了阿帕网（ARPANET）和如今互联网的创建。他的工作和构想在今天仍然具有重要意义。

---

[1] 心理声学是研究声音和它引起的听觉之间关系的一门学科。——编者注

2017 年，本书的一位作者参加了一个“人机交互与高效工具”的专家研讨会。在这次会议中，人机交互的专家们针对利克莱德的“人机共生”理论展开了讨论。该理论阐释了人类将如何与机器联系：首先是人机交互，然后是人机共生，最后是超智能机器。专家与参会者围绕着应该将人工智能机器人视为以下哪种事物展开了激烈讨论：

- 一种工具或遥控设备。
- 一种新兴的超级智能，将取代特定领域的工人，或者作为可能奴役人类的通用智能（尽管我们并不知道，如果机器在各个方面都超越人类，那我们人类该做些什么）。
- 一种人机共生系统，正如利克莱德所述，人类与机器人共同工作和进化，将机器人视为合作物种，类似于我们与狗和其他驯养动物共同进化的模式。

选择不同的方案将影响人类工作的组织方式，并决定了在创建可持续的人机交互时将会遇到哪些关键挑战。将机器人视为设备的观点倾向于关注用户体验，以及设备可能削弱人类技能的问题。例如，汽车导航仪可能会分散驾驶员注意力并且削弱我们的空间和地图导航技能。

关于人类被机器人取代的观点倾向于关注一种在认知型和体力型工作上可能完全胜过人类的超级智能，而事实上机器人在某些特定的认知型和体力型工作领域中已经做到了这点。[1] 此类观点往往关注于制定用于保护人类的管控措施和政策。

---

[1] 例如，2019 年，卡内基梅隆公司开发的软件程序 Pluribus 在一场无限制德州扑克锦标赛中战胜了五名职业人类玩家。如果一个扑克机器人可以主宰在线扑克比赛，那么在线扑克行业将会发生怎样的变革？

最后，将机器人归于人机共生系统的观点往往关注于维持人机的健康关系和协调生态系统内各参与者的合作。从此角度而言，人类和协作机器人之间可以互相取长补短，采用合乎伦理的高效安全的方式进行合作。没有哪种观点是完全正确的，现在有用的观点也许在 100 年后毫无用处。

在接下来的三个小节中，我们将进一步探讨在这些人机交互方式下可能遇到的工作和技术挑战：

- “通过半自主机器人设备工作”探讨了机器人对现状的影响——继续将机器（在本例中为智能机器人）视为本质上扩展我们的认知和体能的设备或工具。
- “为智能机器人工作”探讨了将全部或部分关键工作和社会决策委派给智能机器人的影响。
- “与机器人一起工作”探讨并扩展了利克莱德的人机共生理论，并阐述了协作机器人在网络化知识型社会中工作的意义。

通过半自主机器人设备工作

“自动化只有在完全部署信息技术后才具有全部意义，将极大提高人脑输入在工作流程中的重要性……”

——曼纽埃尔·卡斯特尔（Manuel Castells）（1996）

人类是设备的专属用户。其他动物也许会使用某些工具在环境中生存，但是只有人类能创造生态系统中的各种设备。在本书中，我们使用术语“设备”（或工具）来指代由人类或机器人操作以实现某些特定目标或拓展人类智力的物理或电子装置。电话是通信设备，眼镜和望远镜是光学设备，智能手机可以比作半自主设备，它管理我们的电话和消息并提醒我们约会。不论是哪种设备，都是由具有自主意识的人或机器来“操作”。

工具是设备的一种形态，它们引导或构建人类对世界的体验，并成为人类自身的延伸。可穿戴计算机和遥控机器人不会取代人类，相反，它们将继续帮助人类扩展情感体验和有效经验。正如海德格尔（Heidegger）的著名论述，当锤子与技能结合后，它就不再是一个简单的工具，而将成为人类体验世界的媒介或渠道。在敲钉子时，熟练技工需要紧盯着钉子；如果只盯着锤子，那肯定会砸到手指。

遥控机器人（其行为由人类直接控制）和可穿戴计算机进一步模糊了人与设备之间的界限。例如，科学家已开发了微型传感器，可以植入、摄入或贴在皮肤上。

人与机器之间的发展融合是人机结合模式的一部分。目前，科学家正开发新的方法，通过增强现实技术或通过传感器施加少量压力或振动来刺激感官。外骨骼机器人可用于增强人类的力量、机动性和环境适应性。这些增强人类身体和体验的设备就是扩展人类的自我感觉和身体极限的工具。不论哪种情况下，人类工作都会发生变化。人类工作是被补充而不是被取代。这种通过可穿戴计算机来放大人类能力的方法通常被称为智能放大（IA）。

通过智能放大技术，护士和仓库工人可以使用外骨骼机器人或遥控机器人来移动患者或重物，而不是使用半自主机器人。外骨骼机器人可以自动保持平衡或减轻压力，但其行为受到人类使用者的动作的影响，就像防抱死制动系统一样。卢德分子也许会认可这种机器人技术，因为它能让掌握高级技能的工人生产高质量的服务和商品。

为智能机器人工作：展现非生物智能

“人工智能的短期影响取决于由谁来控制它，而长期影响则取决于它是否能够被控制。”

——史蒂芬·霍金（Stephen Hawking）（2018）

在本节中，我们将探讨如果机器人和人工智能实现人工通用智能（AGI）或单纯地获得人类明确或暗示的授权时会对工作产生怎样的影响。

最新一代的自主机器人固然令人兴奋，但也预示着机器人威胁人类的时代即将来临。这些机器人无法在市场上买到，因为它们是学术和行业研究的实验对象。以下是一些简单实例：

- 可以在危险或不可预测的环境中移动和行动的仿生机器人和非仿生机器人。

例如，瓦尔基里（Valkyrie）是美国宇航局约翰逊航天中心为太空探索和其他恶劣或危险环境而发明的仿生机器人。

瓦尔基里可以使用多个传感器来实现360度无死角地观测周围环境。美国东北大学、麻省理工学院和苏格兰爱丁堡大学的团队正在教瓦尔基里的原型如何在崎岖表面上移动时保持平衡，以及如何抓持不同形状的物体。要探索偏僻荒凉的环境，瓦尔基里或其后代机器人需要具有自主决定权。当机器人处于外太空时，很难与地球工程师轻松联络，遇到不可预测和新情况时，需要自己快速和独立地做出反应。

其他实例包括：

- Zipline机器人：是一种在危险且难以到达的地形中提供救生物资的无人机。
- 自主水下航行器（AUV）和遥控或无人驾驶水面航行器（USV）：能够自主绘制海底地图的机器人船和潜水船队。
- 能与人类自然互动的仿人机器人索菲娅（Sophia）：第一个获得（沙特阿拉伯）公民身份的机器人，能够与人类交谈，并具有面部表情和幽默感。虽然她的智能程度和限度还有待观察，但演示过程精彩绝伦，令人叹为观止。
- Junko Chihirais：一种掌握三种语言的机器人，在日本旅游信息中心与游客互动，会展示出人类面部表情。

- 佳佳：是一种通过编程可以提供云服务的仿生机器人，具有与人类相似的臂部动作和面部表情，可回答人类的询问。

媒体围绕此类机器人大肆宣传。而这些机器人都无法通过图灵测试[1]或者具备大多数研究人员认可的真正感觉能力。但是，仿生机器人不仅能模仿人类表情和对话，而且还为研究人类交流和感觉提供初始平台，这些都令人印象深刻。许多能够在危险环境中移动和行动的机器人已经取得了显著的成功，并被派遣运送救援物资或执行深海勘探任务。

科幻小说和电影自诞生伊始，就开始构想反乌托邦的世界，人类屈服于（人工）智能机器。波兰杰出科幻小说作家斯坦尼斯拉夫·莱姆（Stanislaw Lem）撰写了大量有关机器人的文章。他获奖无数，其著作在全球的销量超过4500万册。在他的一些故事中，机器人统治了银河系，占领了整个地球，并开始研究用有机和自然进化的方式来繁衍它们的族类；而在另一些故事中，人类被机器人奴役，生活悲惨。

最近，一些科幻连续剧如《西部世界》（*Westworld*）和《真实的人类》（*Humans*）（第二季）也为我们展现了类似场景。在遭受了人类的恶行和剥削后，有意识的合成生物开始奋起反抗，与人类展开激战。在《真实的人类》（第二季）中，人类还抗议廉价的合成机器人劳动力让人类遭受大量失业和流离失所。

许多顶尖科学家－如史蒂芬·霍金和商界领袖如埃隆·马斯克（Elon Musk）－都赞同这些文艺作品的预言，他们发出警告：由人工智能驱动的机器人技术终将导致人类社会的瓦解：机器人将凌驾于人类之上，接管金融市场，操纵人类领导者，朝着人类无法理解的目标前进。

---

[1] 图灵测试：为了通过智能来理解计算逻辑的限度以及人类的意图，艾伦·图灵（Alan Turing）尝试了几种思维实验，以衡量人类和机器智能的行为等效性。

在很早的时候，棋类游戏就已经被用作人工智能进化的测试和实现方法。在许多棋类游戏（例如国际象棋或围棋）中，所有玩家都清楚游戏设定内容。这些游戏具有明确的规则，而且从开始位到结束位之间会产生很多可能的路径。它们都具有严谨的逻辑规则设定，机器人不用虚张声势，也不需要理解人类的行为，只需要知道规则是什么就够了。

阿尔法狗（AlphaGo）是由一家伦敦公司 DeepMind 开发的监督式机器学习程序[1]，该公司被谷歌公司于 2014 年收购。2015 年，它成为第一个在不让子的情况下战胜职业围棋棋手的围棋软件程序。尽管国际象棋软件在 20 多年前就曾击败过人类最优秀的象棋棋手之一，但这次阿尔法狗的获胜却出乎很多围棋玩家的意料。机器学习算法通过输入上百万场人类围棋对局进行训练，从而了解应该使用哪些招数能获得胜利。

这场胜利已经令人瞠目，也彰显出机器学习和决策树剪枝的算法改进的重要性，而不久后，人工智能又取得了令人难以置信的新突破。2017 年，第一个非监督式和强化学习程序“阿尔法元”（AlphaGo Zero）[2]问世，并且击败了阿尔法狗和人类棋手，获得围棋最高职业排名段位“9 段”。阿尔法元并未专门分析人类棋手的下法或者试图迷惑对手，而是完全依靠自身学习成为世界最佳棋手。阿尔法元只需了解游戏规则以及获胜条件，在 3 个小时后，就可以达到初级水平；经过 40 天的游戏后，它就能达到“妙手”水平，可以使出人类棋手无法想象的招数。

---

[1] 监督式学习是一种机器学习技术，通过一组实例来训练算法。每个实例通常由对象表征和目标输出组成（例如，表示猫图片的像素值的输入向量可以与标签“猫”配对，或者表示围棋棋盘上的棋子的向量可以与下一步妙招配对）。生成训练集的成本昂贵，因为所有项目都需要贴标签。非监督式学习是一种无须对输入输出配对样本贴标签的机器学习技术。该算法使用各种技术来探究训练数据中的模式。

[2] 强化学习是不使用输入输出标签配对进行的监督式学习（请参阅前文关于监督式学习的脚注），不断调整其行为以优化累积奖励，例如，在游戏获胜后进行正向强化。

尽管未来的超级智能可能会征服我们，但当前的人工智能和机器学习仍存在很多局限性。当前的人工智能系统不会从数据中推导出因果模型，尽管它们可以识别出专家几个世纪以来一直无法识别的模式和相关性，并且可以快速测试和组合人类创建的理论模型。

当前的机器学习算法只是针对特定领域，关注具有单一明确目标的特定任务。而目标涉及很多领域。例如，可以训练算法来赢得具有明确规则的游戏，分析医学文献以发现药物的新用途，指导是否授予审前保释或确定谁被聘用从事工作。然而，算法无法同时针对两种目的训练，例如，赢得国际象棋比赛并确定谁被聘用。算法只能针对单一领域应用。

像国际象棋或围棋这样的游戏，机器学习软件可以通过自学来提升和完善，但对于其他的应用，数据将成为学习内容和数量的最大阻碍。机器学习软件或用于训练软件的数据也可能存在偏见，从而对个人判断和社会产生意想不到的歧视性后果。

法官、医生、出租车调度员、信贷员和其他工作人员可以轻松地让算法和机器人做出对他们工作至关重要的决策，因此会存在过度依赖算法决策的风险。这就涉及尺度和个人权利的问题。所有的人都带有偏见，而我们每个人都在不同的时间以不同的方式表现出偏见。不同的法官在审理相同的案件时会有不同的看法，但是赢家通吃的应用程序中的经济算法可能会反复应用相同的逻辑。相同的非预期偏见和相同的决策方法将在成千上万的决策中重复出现。

在第七章“机器人的社会意义”中，我们将探讨机器人技术带来的一些伦理挑战。在对通用超级智能进行任何预估之前，我们应该认识到，社会已经将重要决策“外包”给具有特定任务的人工智能。我们让机器确定法律、财务和招聘结果；在特定领域，具有较大局限性的人工智能已经在以人们并不完全理解的方式改变着人类的工作和决策。

与机器人协同工作：发展网络社会

人脑和计算机将紧密结合在一起，并且……基于这种伙伴关系，我们可以认为，没有人脑能够超越我们今天所知的信息处理机器所拥有的思考方式和数据处理能力。

——约瑟夫·利克莱德（1960）

在本书中，我们始终认为人机共生系统[1]不仅通常优于单一机器系统，而且人机共生也是社会发展目标。但是，它将改变工作的结构，并将影响我们对自己和社会的认知。而且，人机共生系统还需要设计和开发出能理解自然和社会环境的协作机器人，从而建立半自主机器人工作团队。我们将在后续章节中对此项要求及其对科研和商业的影响，以及可能面临的技术 / 研究挑战进行探讨。

从信息时代开始，人类和计算机就以共生关系合作。在第二次世界大战期间，面对解密德国情报的艰巨任务，艾伦·图灵意识到，人类仅凭自身力量可能永远也无法破解由德国人发明的恩格玛密码机（Enigma）所生成的具有多种组合可能性的加密信息。

图灵没有使用人类计算器，而是成功发明了一台电机计算机。但是，如果没有人类在传输信息中发现重复语用结构的能力，那么图灵就无法在战前改进“波兰炸弹机”并成功破解恩格玛密码。图灵发现了以下几点：（1）字母不会为它本身加密；（2）每天同一时间都会发送常见的短语，例如日期、“无报告”和天气报告；（3）对希特勒的忠诚问候会出现在每条密文的最后。这些发现缩小

[1] 共生是两种不同有机体之间紧密结合的物理联系，通常对两者都有利。该术语也用于指代不同人群之间的积极长期的联系。利克莱德的开创性论文“人机共生”将该术语的含义扩展到包括可以实现智能行动的技术。

了计算机的搜索范围，从而让计算工作切实可行。

如今，许多机器人设备在没有直接和持续的人机互动的状态下运行。例如，iRobot 制造了一个真空吸尘机器人 Roomba，它是一种半自主机器人，只有单一的目标任务——在水平地板上移动并在家具周围巡航，以清除灰尘和微小碎屑。它的实体和软件设计就体现出其目标任务。开启后，它可以在没有人类监督的情况下运行，但其智能程度和自主能力有限。通过机器学习技术，它可以学习房屋的平面布局并更有效地移动。

但是，目前的机器学习技术无法从深层意义上推导因果关系。对大多数（即便不是全部）现代机器人来说，这是一个重大挑战。本书一位作者的朋友以其亲身经历说明了这一局限性。这位朋友喜欢使用扫地机器人，因为既可以节省时间，又可以在无人监督的情况下实现自动清扫。而机器人也确实能令人满意地把客厅、厨房和餐厅的地板和毛毯逐一清扫干净。有一天，这位朋友买了一个新的猫砂盆，盆边比以前的旧盆稍微低点。等她出门后，扫地机器人开始大显神威，它钻进猫砂盆，“酣畅淋漓”地吸尘，然后又把猫屎甩得到处都是。这位朋友刚进家门，一股刺鼻的臭味就扑面而来。她花了整整一天的时间才把屋子清理干净。

我们来探讨一下如何通过技术避免这种情况。我们可以为扫地机器人加装一台通用摄像头，可以观察后方情况，查看是否有漏吸的杂物。这似乎是个好主意，但是如果没有因果推理，机器人只会原地打转，试图清理轮子上掉落的尘土。下面，我们来看看这位作者的近期经历，来进行对比。一天，一位维修人员来到该作者的家中，当他走到厨房时，发现从门口到厨房有一排脏脚印。维修人员立即停止走动并脱下鞋子，因为他意识到是自己把泥土带进了房间。

当然，我们可以发明一种专用的“车轮尘土”视觉检测器，并在车轮上添加一个特征图，这样扫地机器人就能检测出从它们的脏轮子上掉落的尘土。虽然这可能会奏效，但功能设计的成功取决于人类设计师的智慧，而非机器人的因果推理。

可见，半自主机器人的成功和发展创造了就业机会，例如：分析机器人的工作流程，预测问题并设计解决方案或新功能来解决这些问题。马丁 · 福特（Ford，M.）指出，目前劳动力市场遇到的困难是：通过增加机器人和机器人软件的数量可以提升企业的生产率，却不一定会增加管理机器人或为机器人设计新业务流程所需的工作人员的数量。

随着业务流程分析、用户交互设计和自动化技术的进步，监督半自动机器人所需的人员将越来越少。正如福特所言，增加录像带租赁商店的数量将会增加经营商店所需的店员数量，但仅管理录像带自动售货机器人的雇员将大大减少。人类的工作正在经历转型，工人的生产率提高了，但是工作岗位数量减少了。人工驾驶出租车与自动驾驶出租车，仓库员工与仓库机器人以及大型数据中心也具有类似的模式。

这种长期趋势导致人类工作更少和更专业化。但是，在未来十年中，自动化和机器人技术可能会带来新的复杂难题，需要许多新工作来解决这些问题。这些新工作需要在自动化流程环境中管理机器人和人类团队，重新设计物理和逻辑设备，并且设计更佳的用户界面以使人类更容易理解和控制自动化流程。

信息技术（IT）行业本身就是机器智能影响劳动力的优秀范例。图 1-2 说明了信息技术工作专业化的发展历程。首先，从编程到管理和维护支持，然后从运维支持（逐步自动化）转向设计和应用程序创建。

工作的总体趋势是逐步远离通用的系统支持，而更多地聚焦于任务专业化和创建新应用程序。据我们判断，在机器人市场上，机器人软件方面将遵循类似的发展趋势，但硬件方面不会。软件平台将得到巩固，而实体机器人和配套软件应用程序将会激增，并且越来越专业化。此外，人类工作者将与专业机器人顺畅交流并了解其局限性。

如前所述，棋类游戏长期以来一直吸引着计算机科学家和人工智能研究人

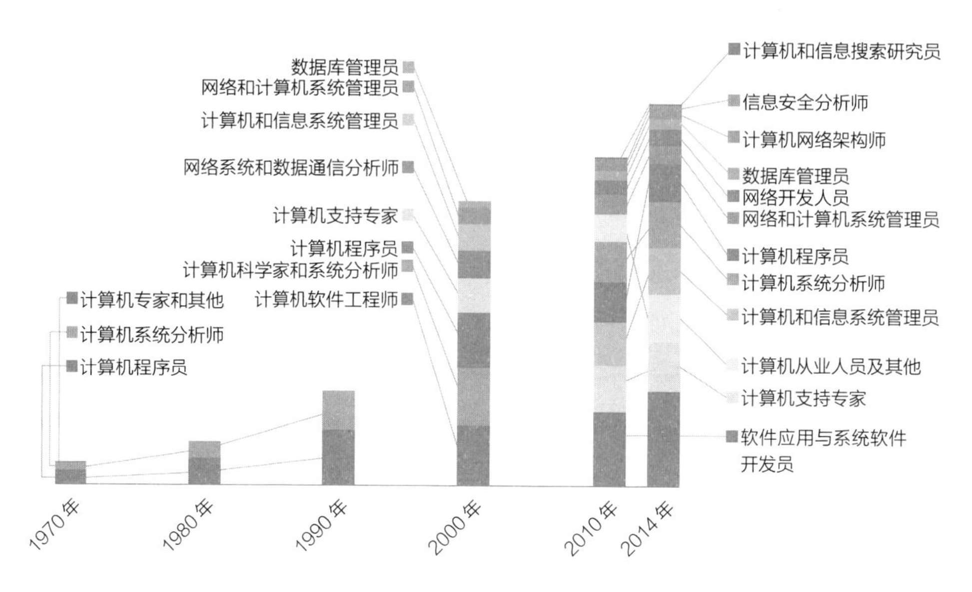

图 1-2　信息技术职业发展历程图（1970—2014 年）

来源：美国人口普查局，基于 1970 年、1980 年、1990 年、2000 年人口普查以及 2010 年和 2014 年美国社区调查的同等就业机会补充报告。

员。1997 年，国际商业机器公司（IBM）的国际象棋软件“深蓝”（在特殊硬件上运行）击败了当时世界著名的国际象棋棋手加里·卡斯帕罗夫（Garry Kasparov）。在 IBM 拒绝重赛请求后，卡斯帕罗夫开始研究一种人机交互的共生变体：半人马象棋。它是以神话中的半人半马生物命名，由人类和计算机棋手联手参加比赛。在 2005 年，超级计算机、人类大师和“半人马”参加了国际象棋锦标赛。如果计算机优于人类，那么将人类加入团队对结果的影响很小。结果，“半人马”（人类 + 机器）战胜了人类大师和超级计算机。

> 在活动结束时，人们都感到震惊。获胜者竟然不是拥有最先进计算机的大师，而是两位同时使用三台计算机的美国国际象棋业余棋手。他们操纵并“训练”计算机以深入研究象棋的走位，从而有效地超越大师对手的高超理解力以及其他参赛棋手的强大计算能力。较弱的人类

棋手＋机器＋优质流程不仅会战胜强大的计算机，而且让人吃惊的是，还会战胜强大的人类棋手＋机器＋劣质流程。

如果在像国际象棋这类特定领域中，机器学习软件在“快速思维”方面占据优势，那么人类在“慢速思维”方面会有更佳表现。快速（或系统 1）思维体现了人类对刺激的自动或快速反应。对人类而言，这些反应会受到自身情感、刻板印象的和无意识关联的显著影响。慢速（或系统 2）思维体现了人类有意识的、用心的，且通常是理性的思维过程。这种思维可以让我们质疑假设和偏见，转变观点，指导队友，并进行战略思考。当然，这需要大量的努力和训练才能实现。机器学习软件擅长从复杂的统计数据中找到关联性，但是这些关联有时是虚假的。人类也会从不相关事件中观察到虚假关联，但是他们会创建功能强大和简单易用的因果模型来辅助分析，而这些模型可以随着时间的推移而不断完善，反复测试和改进。

以前，工程师、计算机科学家和用户体验专业人士总是将计算设备视为机械工具——他们会将其拆卸，在废旧时将其淘汰，在其无法工作时直接扔掉。他们期望这些工具可以提供可重复的和完全无误的结果。除了科幻小说的情节以外，我们的计算机化电梯不会与我们争论，我们也无须说服自动驾驶汽车将我们带到目的地。但是，为了促进人机共生，强调协调一致的协作行动，我们就需要转变对智能机器所持有的“工具”观点。

队友对团队其他成员的行为有预期和心理模型，当这种预期与实际情况不符时，就需要这种模型来促成团队协调和谈判。许多共同的心理模式是由人们基于相似的身体和生活条件、相同的文化和共同的经历所塑造而成的。文化和性别差异可能会造成团队冲突，但这些并非无法克服。事实上，在现代社会，良好的团队领导更注重“指导”而非“指挥”，更多地依托情绪智能而非认知智能。

协调一个由机器人和人类组成的团队似乎让人望而生畏，因为这与管理人类团队截然不同。但是，人类管理多物种团队已有上千年的经验了。回想一下本章开头讲述的猎人和猎狗合作的故事，以及其他许多类似的例子。对混合物种团队的人类学研究表明，这些团队可以在没有共同目标和心理模型的情况下很好地协作。例如，牧羊人、牧羊犬和羊可以共生协作，实现互惠互利，尽管他们的观点和目标完全不同。人类往往会将对方人格化，但这样可能会使优秀的领导者调整他们的期望来管理人机混合团队。因此研究科学家需要开发更好的模型、实践和培训，以了解人类和机器人在团队中如何进行交互。

亚马逊公司的仓库是研究人机共生及其对工作影响的最佳场所。2014 年，亚马逊公司将亚马逊机器人有限公司生产的首批机器人部署到仓库。截至 2017 年 9 月，亚马逊公司已在其仓库中部署了超过十万个机器人。这些机器人承担重复性重体力劳动，从而改变了现场工作布局，而人类则专注于认知、决策和团队协调工作。

由人类管理输入和输出流程，确保产品质量。员工将新产品存放在货架上，当有人订购时，他们会从货架上挑选产品，将产品装入塑料盒，然后再用纸箱包装，运送给客户。同时由机器人负责处理后端，将货架移入和移出仓库。机器人可以快速移动且不会发生碰撞，并且由受训人员监督其行为。将机器人纳入工作流程可提高生产率，但并未减少人力数量。

为了在通用工作模型下理解亚马逊公司的工作体验，我们在图 1-3 中演示了一个在线零售商的员工团队进行仓库运营的流程。

在决策者层级，执行管理者关注公司的总体使命和战略，例如兼并和收购以及将哪些新业务纳入其零售组合。

在参与者层级，研究者负责研究机器人硬件（例如，开发更敏捷的机械手来抓握物品），以及开发新的机器学习算法，以便更好地向客户提供购买建议，在仓库中分配商品以及进行机器人指导。设计者采用内部和外部研究成果设计更好的供应链物流、改进的集装箱（例如为人类和机器人提供更佳的人机交互

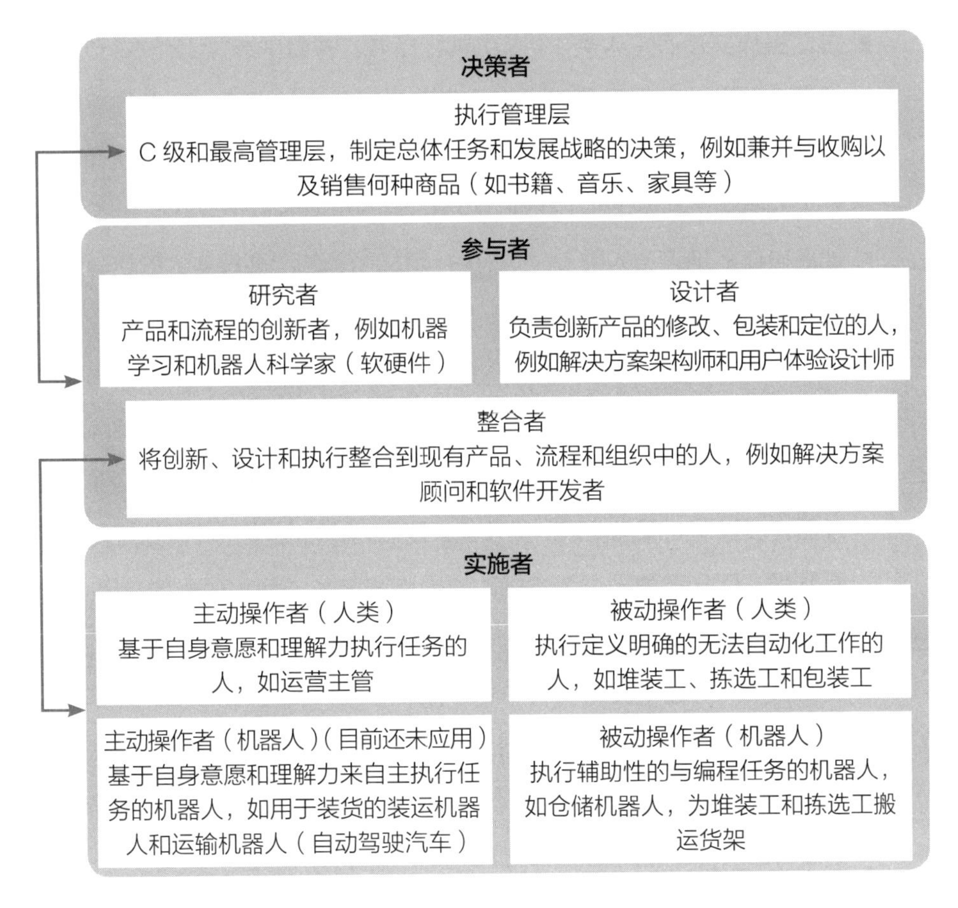

图 1–3　以虚拟仓库（零售配送）业务为例说明价值创造和决策制定流程

设计），以及用于流程内部控制和外部网站的增强用户界面。整合者与设计者也会参与开发和部署新的硬件和软件，并在新流程中培训员工，例如解决方案设计工程师或软件开发人员。

在实施者层级，我们可以看到机器人对人工的影响。该模型描述了四种类型的实施者，负责执行中层管理参与者的决策和设计方案。这四种类型可以分类为“人类”或者“机器人”，或者从正交设计角度分类为“主动操作者”（对工作的完成方式有酌情处理权）和“被动操作者”（对工作执行几乎没有酌情处理权）:

- 主动操作实施者（人类）：主动执行任务，并自由选择工作执行方式。运营主管就是此类实施者，其工作就是优化本地物流，解决供应链问题，创造一种高效安全的工作文化，并雇用、培训和管理执行人员。另一个范例就是驻场软件工程师，负责调整完善软件以适应本地变化。
- 被动操作实施者（人类）：负责执行定义明确的、高重复性的但尚未或无法实现机器人自动化的工作。堆装工、拣选工和包装工是当前亚马逊仓库的几类员工，他们负责存放新的进货产品，挑选客户已购产品，并将选定产品包装到运输箱中。值得注意的是，由于这些工作强度高、危险并且枯燥，因此受到大众媒体的广泛批判。在未来几年中，这些工作可能会被机器人取代或进一步转型。随着对作业速度和准确性的要求不断升级，亚马逊公司员工承受的压力越来越大，他们愤怒地发出抗议："我们是人，不是机器人！"
- 被动操作实施者（机器人）：执行可以由外部施动者实时启动或控制的预编程任务。例如，由堆装工和拣选工控制的运输机器人。这些机器人将巨大的货架移动到堆装工面前，让其堆放进货产品；或将货架移动到拣选工面前，让其拣选产品并打包。
- 主动操作实施者（机器人）：在任务主动性和执行方面享有酌情处置权。虽然目前我们还不知道如何将其应用到商业运营中，但此类机器人将来肯定会取代堆装工、拣选工或者包装工，将集装箱装载到卡车上，使用自动驾驶货车将集装箱从仓库运输到当地仓库，以交付给客户。

如果我们将此实例和亚马逊公司实例视为范例，则可以看到以下模式将确定未来的工作模式：

- 在实施者层级，机器人实施者被分配的任务是重复的、危险的或肮脏的任务。机器人无法执行的任务则分配给人类。

- 在参与者层级（帮助长期决策的人），人类劳动力将被机器人系统增强或在某些情况下被机器人系统取代，新产品或流程也将被开发出来。

我们将在后续章节中阐述，参与者层级的设计者、管理者和研究者对于维护作业场所的人类价值和伦理价值观至关重要。他们将（在实施层面）重新定义人类劳动力所需的任务和技能，并且设计用于训练机器人和其他人工智能驱动流程的目标功能和数据。

归纳与总结

在本章中，我们探讨了在信息时代如何重构劳动力，以支持网络化的知识经济时代，并且研究了人机协作与交互的各种方式。

与以前的技术革命不同，信息技术会使那些在实体和认知上具有重复性的并且无法实现自动化的工作贬值。而与之相对，信息技术会使那些专注于社交网络、流程设计和创造力的工作升值。然而，即使是这些高收入和创造性的工作也面临风险。机器人技术和人工智能将改变研究、设计和项目整合工作，他们将越来越多地参与最高级别的战略决策。

这些结论体现在世界经济论坛发布的《2018 未来就业报告》中。人类擅长的从常规数据处理到复杂决策和协调的认知型工作正在被机器人取代。这并不意味着适合人类的工作会减少（至少在最初阶段不会减少），而是表明机器人和智能自动化将越来越多地参与到此类工作当中。

机器人和人工智能不会采用单一方式来改变工作。在某些情况下，人类可通过可穿戴计算设备和遥控机器人来增强自己的能力。我们将在后文中介绍一种遥控的手术机器人，尽管优缺点并存，但它现在已经进入医疗保健系统并将继续发展技术。此类工作的研究难点在于优化用户体验：即让操作者需要感到身临其境并有效地掌控机器人。

在其他情况下，人工智能和机器人将越来越多地参与决策，甚至可能接管执行管理者的职能。这可能会创造一个乌托邦世界，让人类享受更多自由支配的空闲时间；也可能会创造一个反乌托邦世界，人类被机器人征服。当工人们被自主机器人取代，如何将道德推理和人类价值观灌输到机器人的设计和操作中将成为主要的研究难点。我们已经目睹因为人工智能程序和培训数据出现重复性内容，从而做出体现人类歧视与偏见的决策而导致的危险后果。大多数管理者们只考虑用技术取代员工，而从未思考如何让技术与人类共生。

思考人类和机器人如何协同工作是人工智能和机器人技术转变工作的第三种方式。人类和协作机器人将相互合作，形成一种共生关系，就像人类与动物（尤其是狗）形成的那种关系。而对于本书所述情况，机器人最终可能会成为人类平等的伙伴。对于这种工作转型的方式，针对团队协调、协作和建立关系的研究将变得至关重要。[1]

正如人类发展工效学是为了更轻松地（从实体和认知上）使用工具和材料（例如集装箱），下一代生产工具和材料需要考虑人类和机器人的极限和能力（尽管后者可能与生产环境的其余部分共同设计）。

总之，在未来十年，人类劳动力将从执行实施（除了专业匠师营销“纯手工”产品以外）转向参与决策和机器人团队监督。马丁·福特等技术专家和埃隆·马斯克等商业领袖认为，如果任其发展，机器人最终将主导人类工作的各个方面，包括执行决策及进行创造性的研究和设计等。而其他人则倡导建立一种人机共生的关系，人类和协作机器人成为合作伙伴。

我们认为，人类和协作机器人组建团队工作通常优于纯机器系统，人类—协作机器人系统是一个理想的社会目标。这是一项技术挑战和设计目标，让

[1] 在任何情况下，道德和偏见都是这些系统设计和运行的研究难题，这将在未来十年中对工作产生极大影响。要确保机器人不歧视或优待某些群体，需要执行劳动力必须是多元化的，能体现社会的多样性。

人想起 E.F. 舒马赫（E.F.Schumacher）的著作《小的是美好的》（*Small is beautiful*）：可以设计出高效和低成本的系统，让工作既需要人类的技艺又需要机器人的功能。如何才能实现这一目标呢？本书将在后续篇章中探讨研究遇到的难题以及目前能解决这些难题的尖端技术。

第二章
技术定义

在探讨技术挑战之前，我们有必要研究人工智能、机器学习、强化学习和神经网络是如何相互关联的，它们的定义是什么，它们与自动化和协作机器人之间有着怎样的关系。

如图 2-1 所示，云计算是一种潜在的促成因素，但并非在所有情况下都可以使用。作为一项成熟的技术，它之所以被本书引用，是因为它具有灵活管理海量数据的能力，这些数据构成了精确的人工智能和自动化的基础。

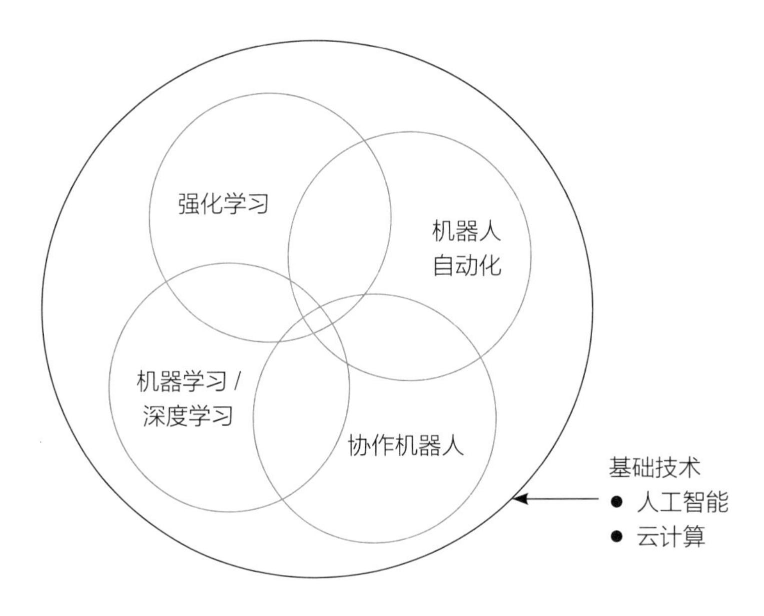

图 2-1　几种技术的关联

自动化和机器人技术的主要促成技术是人工智能。这是一个很大的领域，其中包含的几个子领域对于本书主题非常重要。

定义

以下定义并非详尽解释，而是提供了实用描述和技术背景。

人工智能

不列颠在线将人工智能定义为数字计算机或计算机控制的机器人执行智慧生物相关任务的能力。此定义范围宽广，是一个涵盖了各种技术和技能的巨大领域。同时在过去的 20 年中，不断有新的科技子域加入进来，例如，为支持大数据技术而问世的深度学习算法。

早期的人工智能工具仅在小型数据集上取得了部分成功。人们对这些人工智能应用抱有过高的期望。这些昂贵的工具被视为解决现有分析工具中存在过多复杂非结构化数据问题的“灵丹妙药”。有时，某些实施方案确实取得了成功，但其适应性和可扩展性仍显不足。

在 20 世纪 90 年代，人工智能存在的问题之一是在学术界之外缺乏优秀的数据分析师和人工智能专家。缺乏良好数据也是导致早期人工智能解决方案失败的重要因素。良好数据不仅要有丰富的数据量，还要具备良好的数据质量。有偏见的数据会产生有偏见的模型和结论。某些来自预测模型的数据精度连 50% 都达不到。在 20 世纪 90 年代末期，人们曾尝试开发预测模型来应用于零售商店和保险公司。零售商店主要关注手持扫描设备。其原理很简单。当客户扫描了几件商品后，扫描的图像就被上传到神经网络进行查询，以预测客户的购买模式。扫描仪很快就会收到预测信息，卖家可以根据信息提示尝试销售其他产品。例如，如果客户购买了肉和木炭，随后预测信息就会发来，提示烧烤酱在 20 号通道。尽管每当校验模型时都会收集适当数量的数据，但数据精度只能达到 47%~53%。这不足以让店主判断这些商品推荐方案是否合理。销售人员在向零售店老板推销时，对人工智能解决方案的功能进行了不切实际的说明，而实际却无法达到预期效果。对于解决方案潜在价值的肆意炒作和夸大其词导致了人们不切实际的期望，该项目最终被取消。面向服务的体系结构曾被视为一种寻求解决方案的技术，同样，20 世纪 90 年代的人工智能也是如此。如果没有当前运算处理能力、云计算和机器学习方面的进步，自动化与机器人技术也不会像其宣传的那样逐步普及。

神经网络

柯林斯在线词典将神经网络定义为模仿人类本性（更具体地说是人脑）的程序或系统，旨在模仿人脑的思维方法，特别是学习过程。神经网络通常被称为人工神经网络（ANN），由大量的简单节点组成，如图 2-2 所示。

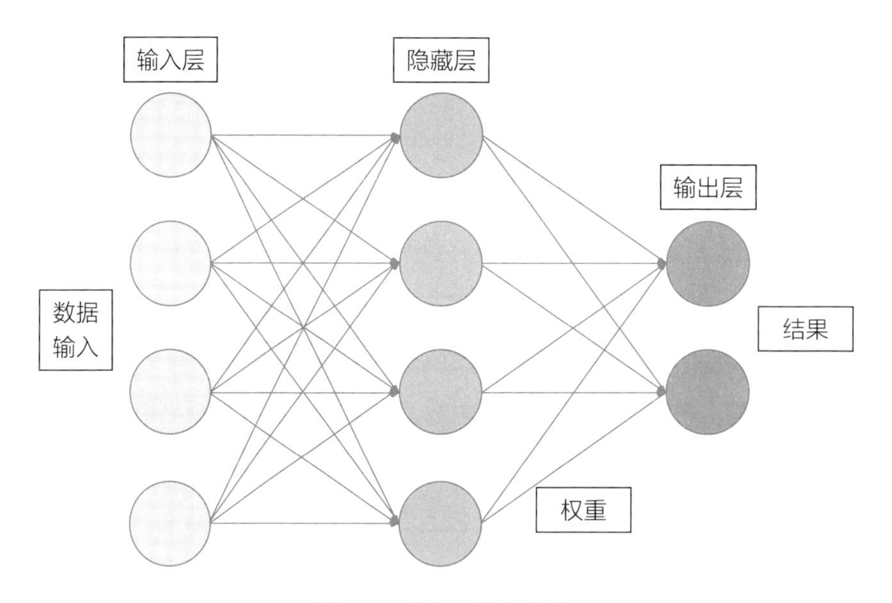

图 2-2　神经网络拓扑图

神经网络中的每个节点都与网络中的其他节点紧密相连，这在某种程度上模仿了人脑的连接方式。

在图 2-2 中，左侧的输入节点用于输入原始数据，而输出层负责计算并将结果呈现给外界。图中的隐藏层与外界没有接触，因此具有隐蔽性。隐藏层将信息从输入节点传输到输出节点并进行计算。还有其他拓扑结构，其中包含更多的隐藏层，但现在没有必要深入探讨这些详细的层级。这些节点彼此紧密互连，并且连接点具有权重数值。

当神经网络被输入已知的标签数据进行学习时，就称为监督式学习，因为神经网络在接收原始输入数据之前是由贴标签的输入和输出数据训练的。权重是网络中节点之间的连接强度。当新的原始数据被输入经过训练的神经网络中时，它首先要确定数据是否处于训练数据的范围内，如果是，则计算可能的输出结果。

神经网络的概念自 1944 年问世伊始曾风靡一时，但后来又归于沉寂。如今，此概念又重新兴起，主要归功于全新的算法、技术支持和可用数据样本的大量采集以及处理器的运算处理能力大幅提高。

机器学习 / 深度学习

神经网络是当今机器学习（ML）中常用的一种技术，基于监督式或非监督式的学习。当对数据不了解并且对没有贴标的输入输出的数据进行分类时，非监督式学习就会展现自身价值。机器学习是一种可自动建立分析模型的数据分析方法。它是人工智能的一个分支，其基础理论是系统可以从数据中学习、识别模式，并在最少的人工干预下做出决策。在学习过程中，分析模型通常无须人工进行额外编程（连接之间的权重会自动调整）。但是，在收集数据并将其传递给机器学习算法时，需要进行大量的编程工作。

深度学习是神经网络的技术子集，常用于处理海量数据（也称为大数据）。大数据是指海量的结构化和非结构化数据，这些数据体量庞大，以至于很难使用传统的数据库和软件技术进行处理。大数据是指那些变化太快，或超出可用处理能力或数据体量太大而无法管理的数据。

深度学习通过使用神经网络的分层处理数据输入来过滤数据。某一层的输出成为另一层的输入，直到结果可用。例如，在使用计算机视觉系统识别图像中的人脸时，深度学习解决方案可以将该图像转换呈现为像素矩阵输入。然后，第一层将对图像边缘进行编码并构建像素矩阵，第二层构建边缘位置向量图，第三层编码鼻子和眼睛，第四层可能被设计为识别出包含人脸的图像，以此类推。这种方法是通过多层深挖来寻找解决方案，因此被称为深度学习。

这种类型的机器学习可以处理人类数据分析师需要数十年的时间才能处理和理解的海量数据。智能手机和数字辅助设备的语音识别功能就是体现深度学习的功能和数据需求的一个极佳范例。

强化学习

强化学习是一种可以自主制定解决问题的规则的一种机器学习形式。强化学习是一种自主学习系统，本质上是通过反复试验和试错进行学习。这种学习方法的目标是最大程度获取最佳结果。例如，机器人在学习抓住玻璃杯时，如果抓力太大，玻璃杯就会被捏碎。于是机器人就会尝试以较小的力量抓玻璃杯，如果玻璃杯掉落，它就会尝试稍微加一点力。机器人会反复尝试，直到它可以稳稳抓住玻璃杯而不会压碎或掉落杯子。机器人将通过强化学习获得良好的结果和理想的解决方案。机器人从外部世界获得反馈，再根据正向或负向反馈来调整其下一步动作，直到它获得并存储最佳解决方案。这是机器人技术的基本构建模块之一。

机器人

这是一个很难定义的概念，因为众说纷纭，甚至机器人专家也不能达成一致意见。电气和电子工程师协会（IEEE）期刊曾用专题页面介绍机器人并提供了一个符合实际目的的通用定义，即机器人是“一种能够感知其环境，进行计算以做出决策，并在现实世界中执行任务的自主机器”。该定义的界定范围比较宽泛，涵盖了工业机器人、家用机器人（例如 Roomba）以及与人类一起工作和互动以完成任务的协作机器人。因为本书只探讨协作机器人，所以此定义就足够了。

协作机器人

协作机器人是一种可以安全有效地与人类进行互动和协作以执行各种任务的机器人。协作可以采取多种形式，从简单任务形式（例如搬运建筑材料）到复杂任务形式（在人机合作团队中与人类协作完成更为复杂的任务）。在这些任务中，人类利用机器人的力量或能力来弥补自身的不足。在任何情况下，协作机器人都需要与人类共同完成任务。与工业机器人不同，协作机器人在与人类协同工作时，并没有被防护围栏或单独空间所隔离，因此人机互动必须确保安全。我们无法让协作机器人执行“检测到人类即停止工作”这种看似简单的指令，因为协同机器人可能需要在下一步任务中将手中的物品传递给人类。

机器人自动化

《剑桥英语词典》（*Cambridge English Dictionary*）将机器人自动化定义为机器和计算机无须人为参与即可自动运行。自动化机器人可以执行体力工作，例如拣选货物以进行派送，或者通过软件机器人执行非体力工作，例如对贷款申请进行排名。我们将把机器人完成的体力工作称为机器人工作，将以智能为主导的工作（例如由软件机器人完成的抵押贷款计算和审批工作）称为自动化。

最早的信息技术自动化是针对文字工作，例如将分类账和报告录入软件应用程序中。在这个时期，仍然需要人员手动输入数据，通常使用键盘穿孔机作为输入手段，但是核对分类账和合并报告的工作实现了自动化。这样就导致分类账维护人员失业，但同时又增加了数据输入的工作岗位新需求。分类账维护依赖于维护应用程序中的规则。通常，这些规则很难修改，需要程序员花时间更新应用程序。

人们采用了一些技术以实现更轻松的规则修改，比如将规则参数化。随着时间的推移，这些技术得到了逐步改进。而随着编程语言和数据库的发展，还出现了一些新方法。这些技术进步也得益于强大计算能力的支持。数据处理也从大型中央主机转移到微型计算机和个人计算机，这些小型机器可以完全胜任工作，并且可以放置在部门或办公室内使用。更多的任务实现了自动化，应用程序配置的灵活性和自动化程度也得到了大幅提升。此时，一个最重要的自动化工具横空出世，彻底改变了会计人员和财务人员的工作，并且无须计算机工程师或程序员就能完成工作。这就是为个人计算机开发的电子制表软件VisiCalc，它不仅可以快速准确地更新财务模型，而且使那些以前完全由人工执行的流程实现自动化。该软件以其电子表格建模以及输入和计算的即时性而大受欢迎。后来，人们又开发出很多类似 VisiCalc 的应用程序，推动了自动化技术的进步。如今，大多数拥有家用计算机或手机的人都可以在无须太多指导的情况下完成复杂的操作。个人电脑现在已经普及。

通用汽车公司（General Motors）于 1961 年制造了第一批工业机器人，加速了工业工作的自动化进程。在汽车行业中，配置生产流水线和明确界定重复性任务是实现汽车制造自动化的重要因素。

早期工业机器人的编程非常复杂，需要通过数学计算来调整各关节的角度，在教学阶段存储，然后在运行阶段再调用。基本精度要达到 1/10000 英寸[1]，而且针对不同的设计方案来修改程序不仅非常费时（往往需要几天），而且非常复

---

[1] 英寸：1 英寸约等于 2.54 厘米。

杂，需要组织新的培训进行学习。

随着自动化和机器人技术范围不断扩展，体力劳动或软件领域的自动化遇到许多富有挑战性的难题，如自动化动作的同步以及错误管理（包括对潜在错误的预测），以及风险管理和增强决策等，这些挑战性难题都试图简化信息系统、机器人、工人和客户之间的交互流程。要想让机器人实现自动化，就必须解决一些技术难题。前文曾提及简单的决策，工业机器人可以做出简单决定：只要有人进入安全区，就会立即停止工作。而我们需要更高级的决策方案，可以让机器人在检测到人类后，通过观察人员的相对位置、速度和运动方向来不断调整，以保持继续移动。如果无法解决这类难题，自动化和协作机器人技术将无法完成预期任务。

失灵的规则、机器人和聊天机器人

软件自动化正在迅猛发展，而它对未来工作的影响逐渐凸显出来。许多企业很早就通过应用业务规则实现了软件自动化。不良的业务规则将使企业业务陷入混乱并且出错。计算机错误很常见，比如本来没有违约却被登记成“未履行付款义务”，或账目未及时记录。在出现这些问题之后，就需要花费大量时间与客户进行电话沟通。这种类型的错误通常是由于理解业务模型及其规则的业务团队与实施规则但不理解业务模型的信息部门之间的脱节而产生的。在此情况下，业务规则便会完全失灵。

目前仍未完全克服的挑战难题是业务部门和信息部门之间存在理解上的分歧。业务部门总抱怨信息部门不理解他们的专业知识，而信息部门则抱怨企业没有充分定义他们的流程。人们绞尽脑汁想解决这种脱节问题，但收效甚微。

21 世纪末期，律师、商人和信息系统专家们组织了一场研讨会，旨在对政府编制的法规、解释法规的律师、必须遵守法规的商人以及编写软件来管理合规性的技术人员之间划定边界并编制相关法律。

在这场研讨会上，一位律师起身说道，此法律很简单，也很容易遵循，但是商人和技术人员却处于懵懂的状态。商人说，该法律对他们来说过于复杂，他们无法保证合规，律师需要解释清楚才行。技术人员随后站起来说，他们可以编写软件，但是律师和商人没有把流程解释清楚。尽管进行了多次协商，但很显然这种脱节问题并未得到任何实质性解决。

在 20 世纪 90 年代中，结构化查询语言（SQL）作为一种技术解决方案被开发出来，这项技术允许商业用户直接查询报告和结果的数据，而无须信息部门插手，更不需要信息部门去开发查询和支持的应用程序，但脱节问题依然存在。随后开发的“业务规则引擎”则被视为一种更有效的技术解决方案，无须编写程序即可对业务规则解决方案进行编码。尽管这些规则引擎仍在使用，但规则主要是由软件工程师而非商业人士所编写，脱节问题再度出现。

近年来的一个重大进步是机器人流程自动化（RPA）的发展。这是一种让软件机器人执行现有自动化流程来完成任务的技术，我们将在后续章节中详细讨论。RPA 工具无须编写规则，而是通过模仿用户对业务流程中所有应用软件的操作来学习如何遵循规则。用户只需熟悉业务流程，而无须掌握软件专业知识，这样就尽可能消除了业务与软件之间的脱节问题。RPA 目前很受欢迎，因为它可以节省成本并提高生产率，但是目前仍然存在一些问题。几位分析师建议，由于出现过软件项目交付失败的案例，信息部门不应实施 RPA。

虽然 RPA 允许通过学习操作来实现业务流程的自动化，但它无法做出复杂的决策。聊天机器人或对话系统能够遵循流程，并通过人工智能决策与人类更自然地交流。目前，软件自动化已经发展到较高程度，以至于人们在拨打客服中心电话后，甚至无法分辨与其对话的到底是聊天机器人还是人类。

机器人和协作机器人

由于娱乐媒体以及科学界和商界的大力宣传和普及，人们对机器人和机器人技术早已耳熟能详。几乎没有人会否认机器人将在未来占据各行各业的主导地位。尽管媒体总是喜欢用拟人化的手法来描述机器人，但实用型机器人的外观形状往往根据其设计功能和用途来设计。

人们提出了一些奇思妙想，打算改造专业机器人，让其执行新任务，但是我们在前文提及的工业机器人却无法实现这点。因此个人和商业环境需要为机器人构建部分协作环境。

Roomba 是最著名和最早的家政服务机器人。这种自主式房间清洁机器人是由 iRobot 公司于 2002 年推出，历经多次升级换代，具有极高的知名度。未来，家用机器人将继续提供帮助，让人们过上美好的生活。

自动化和机器人最重要的一个应用领域就是医疗保健行业。许多企业正在开发家庭护理解决方案。本书后文将讲述一个案例，即 ENACT 项目，其中由机器人协作伙伴为家庭医疗保健提供工具和自动化。

良好的医疗保健和健康监测对于患者福祉、财务状况和医疗资源使用等方面都有很多益处。本章稍后将更详细探讨该案例研究的体系结构，并在图 2-3 中加以说明。其中一些重点如下：

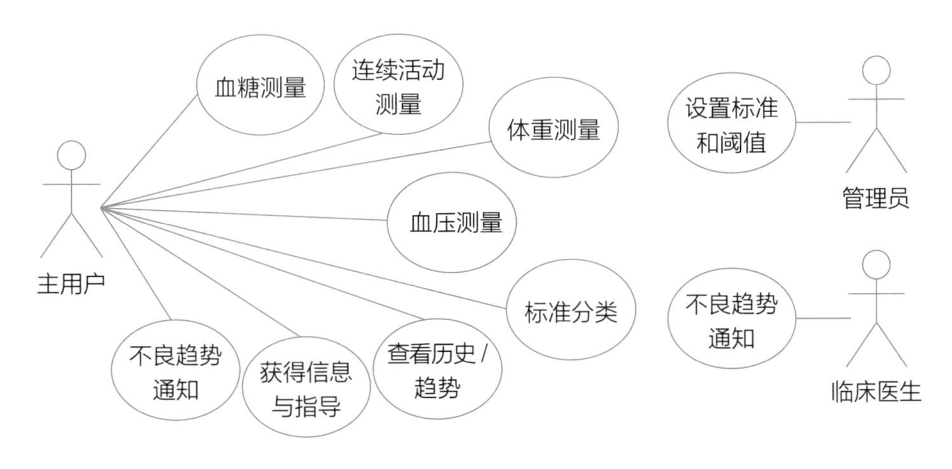

图 2-3　ENACT 医疗保健解决方案

- 住院患者在情感上依恋着自己的家庭，在家里生活会感到更放松。如果你去问老年人，他们会异口同声地表示愿意留在家里。

- 在家中护理患者的费用虽然很高，但仍然比住院便宜。如果你询问患者最想采用哪种治疗手段，他们会告诉你“回家治疗”。大多数患者都有这种想法，但根据我们的经验，老年患者尤其看重这点。
- 如果让护士从事非医疗活动，医疗资源就没有得到有效利用。

通过技术手段来监控居民及其环境，丰富居民的活动以及通过网络或在家中即可完成社交活动，会减轻未来管理人口老龄化的社会压力。我们不应该把这些工作都交给自动化工具和机器人来完成，应该更多地替患者着想，考虑到他们与朋友、亲戚和护理者的社交需求。在这种情况下，可以使用具有思维能力的技术工具来提升对老年人的护理水平，改善他们的生活质量。许多用于报告老年人环境的传感装置不是典型的联网计算机，而是连接到互联网或小型本地计算机的低功耗设备。这些设备位于网络边缘。本书后文将详细探讨在网络边缘自动执行风险分析和决策。

让机器人来完成一项简单的任务和让它完成更专业的自动化医疗保健是有很大区别的。自动化医疗保健是包括了机器人、传感器、激活器和监控工具的整合解决方案。

自动化和机器人技术的另一个潜在增长领域是供应链。企业越来越多地在供应链流程中使用机器人，媒体也报道了很多仓库机器人的应用案例。例如，亚马逊公司在大型作业空间中使用机器人工作。这些机器人会在仓库中的已知空间中移动。该空间是固定不变的，因此机器人、人类以及用于空间范围的标记也不会发生任何改动。这样就无须对空间进行复杂编程和重新测图。这些是相对简单的机器人，可以在确定空间范围（仓库）内执行具体任务，而且人们知道它们处于机器人的空间中，而不是共享空间中。

协作是实现人机交互的一大难题，但可以通过引入共享空间和共享任务来改进人机之间的关系。这需要高度的沟通，以及一些复杂的策略和标准。协作机器人技术展示了人类和机器人之间是伙伴关系而非敌对关系，从而削弱或否定了卢德派的极端倾向。

协作机器人的另一个重要特征是指令级别和对这些指令的解释。工业机器人需要复杂的编程和指令，通常是先将机器人肢臂移动到特定位置，然后再对肢臂的动作进行编程。协作机器人应能够执行简单的复合指令，如“挪开椅子”或“清理杂物”。为了更清晰地解释和安全执行这些复合指令并且创造一个能良好管理与规避风险的环境，领域内各个实体需要具有更强的处理和沟通能力以及风险管理能力。

智能建筑类似于无臂机器人

智能建筑技术已经应用了很多年，但是构建个体环境的技术仍处于起步阶段，例如操控光、热和其他环境下的传感器。一些智能建筑物集成了内部预订系统和运动传感器，能够判断会议室是否被占用，还可以远程诊断设备和环境故障，以及检查房间预订日志和员工记录以解决问题。通过这种方式，建筑物将变得越来越智能，最终将实现人、机器、建筑物和软件之间的协作，甚至可以将这种协作扩展到建筑物外部的环境。

未来的工作将与更多的设备进行交互，以简化流程和消除业务环境中的错误和风险。叠拓公司的“共情建筑”表明人类正朝着真正的智能和交互式建筑的方向发展。针对错误或故障情况的根本原因分析将对未来工作和就业造成影响。其中一些针对大型网络系统的边缘环境问题的根本原因分析，后文将对此进行详细探讨。

智能建筑并非唯一的特例。自动驾驶汽车具有智能建筑或协作机器人的许多特征，但它们是一种运输工具。像智能建筑一样，它们具有软件自动化并集成了传感器或触发器。自动驾驶汽车与人（乘客）合作，在动态变化的环境中行驶，并根据车辆对驾驶环境的观察、安全规则和旅程指令做出决策。此外，自动驾驶汽车还受到外部驾驶环境、道路上的行人、临时路标和天气等因素影响。

自动驾驶汽车表现出协作机器人的多种复杂性，尤其对车辆的地图功能和物理定位要求很高，因为道路上汽车众多而且路况非常复杂。自动驾驶汽车领域将对人们的未来就业产生显著影响。虽然仓库机器人已经司空见惯，但是，将自动驾驶汽车引入供应链并用于交付和物流服务仍将给人们的就业带来巨大变化。

研究进展

科学研究是技术进步的前提。任何领域的科研成果都是该领域发展和方向的良好指标。机器人技术和自动化研究的范围很大，涵盖了从建筑、软件编程、沟通和新模型的开发，到策略和决策制定的许多领域。本书作者参与了许多研究项目，同时选择了一些协作自动化和机器人技术的重要基础技术的领域。我们将在下文中介绍其中的一些领域，并在本书后续章节中进行详细探讨。我们讨论的许多研究都具有美好前景，并且已经在实验室中进行了验证。同时我们探讨的其他领域也正在走向成熟，只是缺少一些关键要素。

数据融合

为实现协同合作，人类和不同类型的机器人需要对所处的工作环境达成共同认识。这需要许多工具和技术支持，例如数据融合和计算机视觉等。因此本书主要探讨数据融合，因为它创造了人机共存环境的通用模型。

许多研究人员都认为融合最贴切的数据定义来自实验室理事联合会（Joint Directors of Laboratories Workshop）。数据融合被定义为“一种用于处理来自单个和多个来源的数据和信息的关联性的多层次方法，旨在获得精准定位，确定估值并对形势、威胁及其重要性进行全面和及时的评估”。在这样一个越来越依赖于传感器的世界，错误和冲突的数据和信息数量将不断增加。在共享空间中工作的机器人需要对当前形势做出近乎实时的评估，以确保安全准确地执行任务。

随着网络边缘计算能力的提高，尽管仍会有一定程度的集中控制和通信，但具有自主性的机器人很可能会越来越多地使用分散模型进行决策并分析风险。甚至机器人可以通过同一空间中的其他参与者的共享模型来实现有限的态势感知。这是一项挑战难题，因为其中一些任务环节还处于起步阶段。为了确定这项研究的进展和未来计划，我们将采访两位研究人员。费德里科 · 卡斯塔涅多（Federico Castanedo）曾在《科学世界杂志》（*The Scientific World Journal*）上发表文章，评论了数据融合技术。我们由此得出结论，即最有效的数据融合架构很可能是一种分散式的架构。本书后文定义了几种不同的架构。坦佩雷大学信号处理系的蒙塞夫 · 加伯伊（Moncef Gabbouj）教授从事数据融合工作多年，我们将在后文探讨具体的访谈内容。

现实世界的通用模型

数据融合的目标是生成一种可以被共享空间中协作的人和机器都能理解和解释的现实世界通用模型。这种通用模型是使用完全相同数据的模型，数据将保持更新并能够由任何协作参与者（即人或机器人）所解释。数据融合将从大量不同的传感器、激活器和摄像机中获取数据，并将它们整合到一个通用模型中。计算机视觉研究和海量复杂数据的可视化是此通用模型的重要输入内容，也是重要的研究主题，本书将分别单独讨论。虽然计算机视觉技术正在不断发展，但仅靠其本身还不足以为协作机器人开发足够好的模型。

ENACT 项目

挪威初创公司 Tellu 物联网股份有限公司开展了 ENACT 医疗保健案例研究。Tellu 公司的 ENACT 项目的目标之一是将简单的传感器和执行设备结合起来，为有需要的人提供家务管理服务。如果室内植物需要浇水，传感器会及时检测到情况，并向居家患者或其看护人发送提示信息，忘记给植物浇水这种事情就不容易发生。如果将其与更复杂的医疗传感器、运动传感器和其他传感器整合在一起，则可以确保居民享受更安稳的居家生活。

初看之下，ENACT 医疗保健案例研究与协作机器人似乎毫无关系；但事实上，在 ENACT 项目中解决问题将有助于解决协作机器人技术遇到的类似问题。

物联网（IoT）是由计算机设备、机械和数字机器、传感器和执行器组成的可以唯一识别的系统。它们可以通过网络稳定传输数据，而无须与人类或其他计算机进行交互。而协作机器人由身体或本体、控制系统、操纵器和某些行进装置组成。

协作机器人配备与控制系统通信的网络传感器和执行器，以及可以与外界通信的互联网连接，这种架构与某个 ENACT 案例中的房间架构具有相似之处。在这间房子里，布置在房子周围的传感器和执行器与控制系统联网，房间墙壁是本体，因为房子不需要移动，所以没有配备行进装置。对于上述两种架构而言，可信赖性是一个重要因素。

ENACT 项目将研究开发协作机器人所需的智能信息系统。智能信息系统将确保基于物联网技术的医疗保健系统解决方案和协作机器人的内部网络所需的安全性、隐私性、可恢复性和稳定性。

协作与策略

在探讨协作机器人及其对未来工作的影响时，人们往往会关注人机在同一空间工作时的安全性问题。人们普遍担心“机器人失控”，因此安全策略成为最重要和最引人关注的策略。只能在安全的已知空间使用的机器人，例如静态工业机器人，不太可能对未来工作产生较大影响。所有迹象都表明，可移动机器人、自主活动型机器人、协作机器人和软件自动化将逐渐普及。安全性必须成为任何协作机器人研究的前提条件和必须尽快解决的重要问题。只有在确保人类合作者和人类工人安全的前提下，我们才会预测协作机器人对未来工作的影响。

人机协作要求处于同一自动化流程环境中的人类、协作机器人和其他机器人能相互交流和彼此理解。策略和流程必须灵活且易于实施，以便解决日益复杂的问题。

目前机器人技术领域吸引最多关注（和投资）的话题之一就是让机器人完成抓取或拾取物体。人类从小就开始学习如何抓取物品，而这一技能需要通过反复试错才能学会。我们举个例子，在孩子学习抓取鸡蛋时，他们很难说清应该使用多大的抓取力才能成功拾起鸡蛋而且不会捏碎外壳。机器人也遇到相类似的问题。但是，协作机器人技术中还存在另一个相关问题：交接。如果一个机器人抓着一个物体并将其传递给另一个机器人或人类，那么第一个机器人如何判断第二个参与者能否很好地抓住该物体呢？

另外，在传递物体的某个阶段，两个参与者同时抓着该物体，此时他们之间就必须进行通信，当其中一个参与者准备松手时，另一个参与者则需准备自己抓住。在协作机器人技术的未来发展进程中，这种抓取或拾取问题必须得到解决。重新设计被抓取对象可以在一定程度上解决此问题。例如，一家啤酒公司重新设计了不带把手的玻璃杯，这样机器人用双手去拾取两只以上的玻璃杯时，玻璃杯可以套在一起，这样就可以在拾取三个、四个甚至五个玻璃杯时保证不会掉落。

当机器人离开工厂进入商店或开放空间时，风险水平就会增加。规避风险是减少或管理风险的重要策略；但前提是人们必须能识别风险。在协作机器人技术中应用持续进行风险评估和风险管理是一个相对较新的领域。在任何情况下，人类和协作机器人都必须持续评估风险，并通过管理措施来化解或减轻这种风险。ENACT 项目专门设立了针对风险管理和决策的研究机构，这对于未来技术发展也具有重要意义。

人们最初思考有关机器人和协作机器人权利的未来伦理难题时，曾提出一些有趣的问题，例如，协作机器人是否可以不用顾及其他参与者的安全而自由行动，或者协作机器人如何区分善意的参与者和恶意的参与者？在军事领域应用自动化技术和协作机器人技术也存在很多伦理问题和令人担忧的影响。在自动化和协作机器人技术成为未来工作不可或缺的一部分之前，所有现存的和潜在的问题都必须得到解决。

归纳与总结

首先，我们需要阐明一些重要的主题，以便于读者理解后文所述的技术和策略内容。我们简单描述了一些关键概念，例如人工神经网络、深度学习和数据融合。这些概念描述构成了本书的层级结构，并且根据本书主题进行修改和调整。我们引用了一些基础概念型的技术定义，包括机器人流程自动化、对话机器人和协作机器人等。

随后，我们在“研究进展”一节中介绍了一些解决方案的进展情况。这些能够消除协作机器人和自动化应用障碍的解决方案是实现人机完全自主协作的关键因素。最后，我们介绍了与数据融合和网络边缘医疗保健领域的主要研究人员的一些访谈内容，以便让读者了解这些领域中的最新技术研究观点。这是一个快节奏的世界，不断有新的研究成果涌现。我们每周（甚至每天）都能读到有关自动化和协作机器人技术对人类劳动力产生积极、消极或中性影响的文章。

毫无疑问，未来的工作将大量应用自动化和协作机器人技术，但是对未来这一时间点的定义目前尚不明朗。目前，专家们正开展研究，以解决一些重大问题，本书也展示了一些直接或间接解决其中部分问题的研究项目。本书第一部分“为未来工作做准备”至此结束，第二部分“机器人在工作”将详细探讨机器人的工作。

第二部分
机器人在工作

PART 2

第三章
机器人流程自动化

尽管本书旨在为读者提供“未来就业指南”，但本章将着重探讨自动化技术面临的挑战难题和一些可能影响现在和未来就业问题的解决方案。我们将在本章中阐明，自动化的发展历程不是一系列重要时刻的组合，而是由一些能够提升自动化水平和提高运营效率和企业效益的策略和技术构成的连续时间线。书中探讨的一些战略和技术已经在部署中；其他战略和技术目前虽处于初始阶段，但也会对未来工作产生影响。自从人类最初尝试使用计算机设备来处理大量数据和重复性任务以来，提高自动化程度就成为信息技术的目标。通过观察自动化发展进程中的一些重要事件，我们就能得出结论。

20 世纪 40 年代，最早的计算机之一巨人计算机（Colossus）实现了海量加密文本的自动读取和比对，帮助人类破解了机密情报。

下一个重要时间节点是 20 世纪 60 年代，当时连续记录（特别是业务分类账）促成了客服沟通和决策的自动化。此时，人们更关注于提升自动化任务的执行速度，以提高办公效率。办公计算机也变得更小，自动化提供了更精细高效的业务响应。有一次，本书一位作者与一家大型集团的业务部门合作，需要在每周五的总部简报中做出该部门的财务状况报告。公司计算机部需要派两个人花费四天才能完成数据准备工作，然后将所有数据发送给计算机部，再生成周五简报所需的报告。当时，部门内安装了一台小型计算机，即 Apple IIe 型计算机，不仅可以在收集数据时将其输入分类账，而且可以无须计算机部门插手即可完成初步报告以及编制、检查和发送用于周五简报的报告。这样就可以将员工调配到更有价值的业务工作上，而且该部门的财务状况可以做到每天公布。本地自动化执行任务创造了更好的业务模式并且实现了更高的效率，于是很快在公司内部被广泛推广。在大多数业务工作中，员工可以立即获得几乎所有需要的信息。自动化可以减少重复性工作中的人力付出，从而可以将员工调配到更具创造性的工作中，而且还能减少重复性工作中的人为错误。人类很难长时间从事重复性工作，因为会感到非常枯燥而且容易出错。

目前，许多企业正在评估或实施一种称为机器人流程自动化（RPA）的技术。RPA 可以使以前较难实现自动化的工作实现自动化，从而使自动化技术更上一层楼。RPA 使用一种可以通过训练来实现业务流程（不是工作）自动化的软件，虽然可以精减大部分业务流程中的人员，但这项技术并不会替人类完成所有的工作，业务流程仍然需要人员来操作。

虽然 RPA 具有很大的潜力，但也会遇到一些挑战难题。我们将探讨实施 RPA 时遇到的挑战以及 RPA 在自动化过程中把握新机会的可能性。RPA 的前景广阔，有希望将目前仍需人类完成的更复杂的重复性任务实现自动化。RPA 通过绕过编程以实现新的自动化，通过观察图形用户界面演示的流程来学习。RPA 工具也被形象地称为软件机器人或机器人，通过观察人类在计算机上执行的一系列操作学习业务流程。这些操作过程被记录下来，然后机器人再执行这些操作。这些操作有的比较简单，有的比较复杂。例如，在客户账户搜索界面进行检索，然后将客户编号复制到发票页面。这一过程无须编程，因为机器人已经学会了这一流程，并且可以再学习一个修改过的流程，进而重复执行流程，无须人工干预。最重要的是，它可以大规模工业化应用。RPA 可以 7×24 小时全天候运行应用程序，仅需极少的人员参与，从而具有简化流程和降低成本的潜力。当涉及业务流程的全面管理时，RPA 无法独立完成任务。因此组织需要使用其他工具来辅助，例如业务流程分析（BPA）或业务流程优化（BPO）。RPA 本身不能改变或优化流程，而只能执行流程。BPA 和 BPO 工具可以确保自动化流程得到优化并提供所需的结果来增强 RPA 的实施绩效。

RPA 已经在许多企业中实施。自动化程度的提高带来了极高的价值，让人们有兴趣研究将人工智能用于下一代 RPA。机器学习将智能因素加入自动化工序流程中，并在决策中发挥更大的作用。企业还可能通过其他因素来实现流程自动化，包括离岸外包和外包工作。RPA 对这些因素的影响将在后文进行探讨。

RPA、离岸外包和外包工作是解决自动化问题的不同方法。RPA 通过技术执行流程，无须人工干预。离岸外包和外包工作是将流程自动化的责任从企业本身转移到第三方的方法。第三方可决定使用离岸客服中心的人员还是使用像 RPA 这样的自动化工具来完成任务。流程拥有方和第三方都要考虑成本。第三方主要关注于人类和软件机器人操作的成本比较。在一次研讨会中，第三方供应商表示，软件机器人具有许多优势，但是软件价格昂贵，而第三方供应商在离岸环境中工作，劳动力成本很低。他们说，聘用 100 个员工来执行流程要比购买软件来执行同样工作的成本低很多。

出于成本或效率的原因，提高业务流程的自动化程度是企业的主要运营目标。在自动化的成本效益分析中一个常被忽略的好处是不断增强的和可管理的法规遵从性所带来的价值。有一个体现自动化的重要性的很好范例，那就是企业纷纷采取行动，努力符合欧盟《一般数据保护条例》（GDPR）的要求。

GDPR 引入一个全新概念。当然，它适用于欧盟各国，但也对欧盟以外国家和地区的企业产生影响。无论是哪国的企业都必须严格遵守这一法规，否则可能会导致公司被处以高达其全球年营业额 4% 的巨额罚款，例如，谷歌公司因违反 GDPR 条例而被罚款 5000 万美元。处罚还可能包括寄送责任性投资，当违规罚款的计算方法被评估并表明它赋予监管机构相当大的权力来惩罚公司时，这点尤为重要。欧盟各国也有权将违规行为定为刑事犯罪，可以判处负责人监禁。

合理设计自动化技术，熟悉相关政策法规并配置良好的流程，可以大幅降低违规的风险。要防范违规和违法，必须确保自动化流程具有文件记录和可重复性，能向合规官员提供及时准确的报告。还有其他一些有关数据和隐私的法律法规，例如美国 1996 年版《健康保险流通与责任法案》（HIPAA），要求自动化报告具有一致性和准确性。

我们通过表 3-1 来展示自动化和协作的层级，将我们正在讨论的工具和技术放入其中，并显示它们与其他自动化层级的关系。此表中的零层级代表自动化和协作的最低级别。此表的第二层级是指人类指导的自动化。固定逻辑过程是指使用 RPA 作为初步工具的结构化数据型事务流程和基于规则的流程。此处的结构化数据是已知并遵循数据结构的数据。

表 3-1　自动化和协作层级

层级	人机交互	智能自动化
0. 非智能工具	没有智能交互 ● 人类做出所有决定，并且解释是固定的 ● 示例：在 20 世纪 70 年代前制造的汽车中行驶或制动；机械织布机	没有智能自动化 ● 在很少或没有人工监督的情况下运行的非智能设备 ● 示例：20 世纪 30 年代之前制造的燃气发动机、锅炉、水轮机
1. 人类指导的交互工具	人类指导的交互 ● 人类做出所有决定；机器可以进行局部调整 ● 示例：现代汽车防抱死制动系统和巡航控制；标准文本或图形编辑器	人类指导的自动化 ● 由人类设计和实施的固定逻辑过程 ● 示例：批处理和 RPA；在限制区域中工作的工业机器人；带穿孔卡的提花织布机
2. 部分或有条件的人机协作	机器辅助交互 ● 人类选择目标，接收持续的反馈，并可随时快速完全控制。机器人具有有限的自主权 ● 示例：为航空旅行预留航班的虚拟助手；交通感知巡航控制；遥控手术机器人	人工辅助自动化 ● 人类选择目标；机器人推荐行动，得到确认后，以有限自主权执行行动 ● 例如：智能建筑自动调节照明和空调；智能流程自动化（IPA）

接下来，我们就可以使用无须编程的工具来开发最终的自动化。大多数关系数据库开发人员都拥有使用可视界面和鼠标创建复杂查询的工具。即使对于小型

任务，编程资源也非常昂贵，并且可能无法及时发布以满足需求。屏幕抓取工具源于无须编程资源即可更改和自动化任务工作流的需求。屏幕抓取工具可以通过捕获鼠标位置、屏幕数据输入字段和功能按键等方面进行训练以执行一组步骤。可以命令屏幕抓取器从应用程序中复制数据，将其粘贴到另一个应用程序的数据字段中，使用该数据搜索数据库并显示结果。屏幕抓取专家设置该工具后，只需执行几步操作即可显示新屏幕画面。而用户则看不到后台的复制和粘贴操作。后台进程和数据保持不变，除非它是屏幕抓取操作的对象。专家基于现有应用程序创建具有全新外观的任务型应用程序与 RPA 实施的学习阶段非常相似，以至于一些行业分析师评论说 RPA 只不过是加强版的屏幕抓取工具。

提升业务流程的自动化程度

多年来，实现业务流程的自动化以提高可重复性、吞吐量和准确性一直是人们追求的目标。自动化可以分为几大领域，如表 3-2 所示。本章探讨第一个领域，即业务流程自动化。

表 3-2　自动化领域

自动化领域	说明
业务流程自动化	也称为业务自动化，这是复杂业务流程的技术辅助式自动化。业务流程自动化可以精简业务、促进数字化转型、提升服务质量、改善服务交付或控制成本
企业工作流程自动化	关注推动大型企业发展的数百个流程。企业工作流管理是可以确定映射、执行、集成、改进和自动化工作流程的最佳方法。这是一种操作工具，而不是业务工具，目的是确保工作流程中的所有架构元素都可用并且可优化，例如，确保有足够的磁盘空间用于文件复制操作
自动化制造	集成了软件和机械，因此制造过程可以通过计算机编程自主运行

在 IT 时代，人们努力尝试各种方法来实现在不更改软件的情况下更改现有应用程序的工作流程。几年前，本书一位作者在印刷工厂遇到了类似的案例。打印作业应该具有唯一编号和客户参考号。如果是一个新客户的小型单个打印作业，那么文员应该创建一个新的客户记录，但通常文员不会为了单一打印作业来创建记录。他们直接跳到验证工作，将作业直接下发到车间，然后完成文书工作。他们之所以这样做，是因为创建新客户记录所花费的时间要比相应打印作业的时间更长，因此文员对所有此类作业使用了虚拟客户编号“99999”，并配有相关联的客户 ID“其他”。

对于小公司来说，此类处理办法并不存在多大的问题。但较大的公司则可能容易受到欺诈或者审计师的欺诈指控，在这两种情况下，不完整的记录都可能会丧失与新客户进一步合作的机会。这种做法破坏了一部分业务流程，并形成一个新流程，从原始流程中删除了“输入客户详细信息”的任务。产生这些流程的问题可能是分析不足、工作流程设计不佳、采购要求不足、故意欺诈或应用程序规范不佳或监管不力的结果。

通过 IT 技术来实现自动化工作有很多方法。图 3-1 显示了自动化工具的发展历程以及它们与自动化工具的关系。例如，我们从图中可以看到，屏幕抓取是 RPA 的初步形态。它还与后面的工具并行运行。尽管基于规则的应用程序和屏幕抓取的应用程序很少被废弃，但是人们还是使用新工具来解决新问题。图 3-1 所示的智能自动化是本书所述自动化的最终目标。它可以采用任务型工具（如业务规则引擎或屏幕抓取应用程序）以及流程型工具（如 RPA）的输出信息，并将它们与人工智能结合起来构建一个业务决策工具。诸如 RPA 之类的自动化工具支持业务流程，但不会自行更改。自动化工具不是修复流程错误的灵丹妙药。而且，RPA 可能会加速执行某些流程错误，并因此而产生更多的问题。

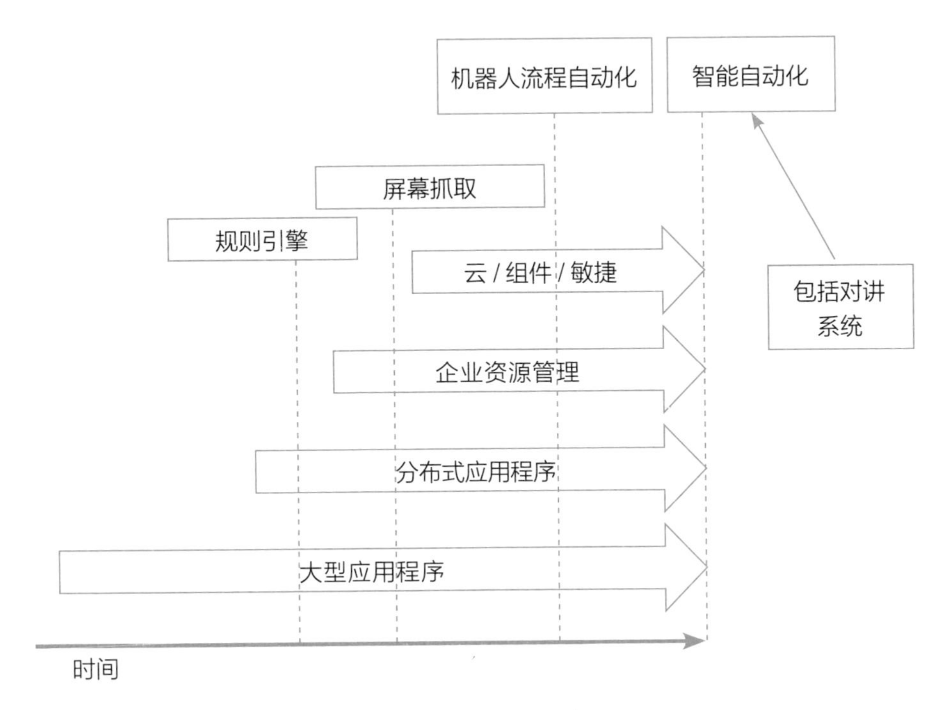

图 3-1　RPA 的环境

新的自动化应用程序通常必须与支持不同工作流程的其他应用程序共存。新的自动化应用程序可使用相同的组件、服务和架构。所有这些不同的应用程序，无论新旧，都在使用不同的工具。现有应用程序通常被称为遗留应用程序。遗留应用程序不仅是图 3-1 所示的大型应用程序，也可以是分布式或企业资源管理（ERP）应用程序。

遗留应用程序是指已经部署了很长时间并且通常难以修改、更新甚至维护的应用程序。规则引擎和屏幕抓取工具首先出场，以应对修改和更新大型应用程序的高昂成本问题。规则引擎通过允许将参数和决策从应用程序分离出来，从而在不可更改的应用程序中添加修改。

屏幕抓取可以让遗留应用程序的图形用户界面（GUI）重新焕发活力，将绿屏大型应用程序转换为 GUI 应用程序。这些都是扩大自动化范围和提高对业务流程更改的反应速度的举措。在图 3-1 中，时间线是指在 20 世纪六七十年代实施特定解决方案应用程序和大型应用程序的时间跨度。规则引擎、屏幕抓取和企业资源管理已在大型应用程序和分布式应用程序领域中得到广泛应用。RPA 是一个流程，而不是任务型工具，所以其应用范围还包括云计算和敏捷计算。当你从大型程序和规则引擎转移到屏幕抓取时，不同工具对业务流程自动化的影响会增加，但是如果要实现包含许多组件的复杂流程的自动化，就需要 RPA 之类的工具。

云计算和持续改进通过更改应用程序组合来实现业务流程的自动化。使用能快速组合且几乎不发生变化的组件或云服务可以快速构建应用程序且无须编程资源。而且，使用合成工具而不是应用程序开发工具可以比旧的遗留应用程序更灵活地修改过去 5 年的代码级的工作流程。其中一些合成工具使用图形或映射语言来启用点击式合成，而无须编码。即使有了这些工具，仍需要大量工作对服务进行定位和选择，以将其合成到支持全过程的新应用程序中。RPA 采用现有的应用程序和任务工作流程，将它们与全过程中的其他任务和工作流程链接起来，以形成完整的自动化流程。

将一种云服务替换为另一种服务，以便更好地匹配不断变化的流程要求，可以以最少的编码工作量快速更改业务支持应用程序的逻辑和工作流程。采用可重用服务的自动化流程要比更新遗留应用程序和单片机应用程序使用更少的编码资源，但需要拥有与这些单片机应用程序不同的基础架构。通常这种架构需要大量的基建投资。而 RPA 无须大规模改造基础设施。

敏捷法和持续交付工具能够交付那些可以针对每周甚至每天更新的不断变化的业务需求做出反应的应用程序，但是交付这些应用程序将使用大量资源。这些自动化策略以及它们的多种变体都无法在没有编码的情况下交付。RPA 可以在用户界面级别工作，无须额外编码，这样就可以在高效改善业务的同时降低成本。我们将在本章后面讨论 RPA 对自动化发展的贡献。首先，我们探讨一下早期自动化策略对业务的影响。

如果业务自动化需要更改以支持基础业务流程的更改，我们应该考虑到业务流程的更改将对业务自动化产生的影响。几乎没有哪家企业不需要参与竞争，也不需要修改其商业计划或软件。几年前，我们曾与首席信息官、首席财务官和学者举行了圆桌会议，我们探讨的主题之一是商业模式不会改变的企业的生存可能性。圆桌会议制定了一个有关业务模型价值的研究项目。一位首席财务官讲述了一个案例，他知道有一家工厂专门生产用于制作军服和穗带的金线。这是一个很好的利润市场，因为当时全球只有两家公司在供应所有军用的金线和穗带。这两家公司一直在为高端商店和军火商供应产品，但他们的利润市场正逐渐受到侵蚀。根据近期调查，似乎现在有更多的工厂涉足此项业务，而且正在扩展到一些其他领域。这就需要公司修改支持业务流程的应用程序。即使是利润市场也会随着时间的推移而变化，并且可能需要软件自动化才能保持竞争力和确保生存。

大型企业对于更改底层应用程序的逻辑或使用可替换服务来支撑新业务模型变化方面具有明显的优势。这些更改需要设计、开发、编码技能、测试和发布等流程，而这些流程往往超出了中小型企业的能力范围，尽管如此，中小型企业仍需要对业务模型的变化做出反应。

许多企业已经采用并实施了敏捷法和持续改进法来促进服务的开发和使用，但是很多公司认为，创建一个能够管理这一流程的信息部门需要很高的成本。敏捷开发法的进入成本很可能超过一个小公司承受能力，甚至有些大公司也不得不将敏捷的成本视为其改进和自动化策略的一部分。RPA 的进入成本要低得多，所以更适合这些中小型企业。

流程管理、选择和优化

人们对于 RPA 的看法呈现两极分化。支持 RPA 的分析师和记者表示，RPA 是智能自动化的未来发展方向，是全面人工智能主导的业务流程管理的前身。其他持反对意见的专业人士则认为，RPA 只不过是加强版的屏幕抓取工具。尽管它具有可扩展性和额外的功能，但是屏幕抓取从未真正起作用。因为本书主要探讨 RPA 对自动化流程的影响，因此这里暂时搁置 RPA 的有效性问题。本书仅探讨 RPA 的广泛架构功能，而非这一潜在市场中的产品和技术。

如前所述，多年来，提高业务流程的自动化一直是人们追求的目标之一。最初被寄予厚望的一种技术就是屏幕抓取。屏幕抓取使用屏幕上字段的位置和内容来模拟这些屏幕，方法是将数据从屏幕上的一个数据字段复制到另一个数据字段，或者使用这些数据在后台进行查询。屏幕抓取还可以通过 ERP 系统完成复杂的导航，并将其简化为按键操作。屏幕抓取允许在用户界面级和底层逻辑启用新屏幕设计，这将改变主机应用程序的使用方式。

屏幕抓取技术可以使大型绿屏应用程序重新焕发活力，使临时用户或新手用户更容易操作，可以在相对时尚的界面中展示动作和结果。屏幕抓取工具生成的用户界面从未打算取代专家用户，而是为了帮助临时用户，让他们能够导航到某个功能屏幕（例如导航到费用审批屏幕），而无须查看手册和操作各种命令键和屏幕。尽管绿屏应用程序的专家用户比新手用户的操作更快，但新手用户却总是反对使用绿屏应用程序。

在某些屏幕抓取操作中，甚至可以使用手机来执行大型程序支持的部分业务流程。基于屏幕抓取的用户界面存在许多问题。其中，一个关键问题是，如果底层屏幕字段或命令代码更改，就需要修改屏幕抓取程序。该程序甚至无法适应大型绿屏程序布局的一些微小更改。另一个关键问题是性能和可扩展性。可扩展性通常是底层应用程序和硬件性能的一个要素，受核心系统的用户数量、提供数据的不同核心系统之间的相互关系以及数据管理问题等因素影响。因此，其性能也取决于核心系统的性能。RPA 消除了这种局限性，并且还具有其他功能，因此比屏幕抓取更吸引用户。

屏幕抓取是一种基于动作和任务的策略，使用必须通过点击式操作才能构建的基本应用程序，而 RPA 可以将多个应用程序上执行的动作和任务组合到一个看似全新的应用程序中，通过复制遵循业务流程的用户动作而不是核心应用程序规定的任务来构建。RPA 是从虚拟化测试工具发展而来，该工具记录用户的动作，然后进行回放，以自动执行测试。RPA 使用类似的方法，即根据应用程序的使用来创建测试脚本从而实现自动化（而不是执行测试）。

只需回放应用程序的使用情况即可创建自动化流程，如此简单的方法让人们热情高涨，但同时也会出现一些潜在的安全问题。为 RPA 实施而开发的软件机器人可以被视为员工，受到相同的安全性约束，需要通过身份验证并被授予系统访问权限才能够工作。这将需要复杂的身份验证和访问控制策略，中小型企业对此无能为力。

RPA 存在一些特定的安全漏洞，部分原因是 RPA 解决方案的架构问题。当人类看到某种指令或操作时，可能会说“这很奇怪”，而 RPA 机器人从来不会问为什么。还有人担心，缺乏训练的软件机器人可能会有意或无意地违反合规性规则。在开发过程中，还可能出现其他安全漏洞。

正常的开发周期包含设计和编码规则、监督和评审流程以及测试，这些都可以验证修改内容。即使采用敏捷法，也会出现错误。RPA 通过用户演示业务流程来接受培训并构建，可以绕过某些用户权限和监督活动。此外，供应商、开发者和培训者在 RPA 实施过程中是公开透明且负责任的，并且该解决方案经过质量检查测试，包括安全性测试。

我们可以把软件视为机器人，并且其中某些软件机器人要更聪明。在 RPA 中，应用程序之间的交互是在用户界面级别处理的。数据是从用户 GUI 层的应用程序中采集，并传递给该级别的其他应用程序。它不需要使用规定框架在 API 之间传递数据，并且不需要更改底层架构。

在开发软件机器人时，RPA 工具集会观察某一流程，记录下来，然后进行回放。虚拟化测试数据和交互过程也采用同样的方法被记录下来，以用于测试。RPA 使用专家用户的操作进行培训。它非常依赖于虚拟化测试的早期实体。RPA 不需要硬件修改，从而不用应对与新基础架构和应用程序相关的复杂管理问题。一些 RPA 实例需要人力协助才能成功实现，被称为辅助型 RPA。

而某些 RPA 实例则是完全自动化的。全自动化的 RPA 无须人工干预，而且会对未来工作造成最大影响，因为它更有可能取代人类工作。但是目前运行在任务级的 RPA 不一定都是完整的端到端流程。RPA 通过用技术代替人力，改变了服务的交付方式。我们在此并不打算说明程序如何在技术层面上帮助人类，而是想说明软件自动化已经取代了人类的大部分或全部工作。软件自动化的实现也让人类付出了沉重的代价。软件自动化正在改变着就业格局，并且在未来，将会导致大批知识工作者失业。

RPA 实施

在评估了 RPA 的潜力之后，大多数企业就会决定是否、在何处以及如何实施 RPA。企业往往期望 RPA 可以降低成本或改善服务，甚至希望 RPA 可以帮助改进业务流程。

我们将在后文阐明，这是一种对 RPA 功能的错误理解。RPA 不会更改业务流程。正如上节所述，它是非侵入性的，工作在辅助 IT 流程的用户界面上。它可以提高流程的速度和一致性，但无法改变流程本身。如果底层数据或流程本身存在缺陷，则在 RPA 实施后这些缺陷仍然会存在。

RPA 的实施侧重于业务流程，而业务流程不太可能实现自动化。总体而言，任务通常都需要人工干预，比如审批，很难实现自动化。在图 3-2 中，您可以看到业务流程中的任务关联。

在此业务流程图中，工序流程由各种任务组成，有些任务是按顺序执行的，有些需要人工干预，有些则可以并行完成。在人工干预的情况下，虽然无法实现流程自动化，但是如果任务本身有固定的可重复规则，则可以使用 RPA 实现自动化。云服务允许企业的业务部门（例如市场营销或销售）直接使用在线服务，而无须联系信息部门。销售部门可以决定使用赛富时（Salesforce）作

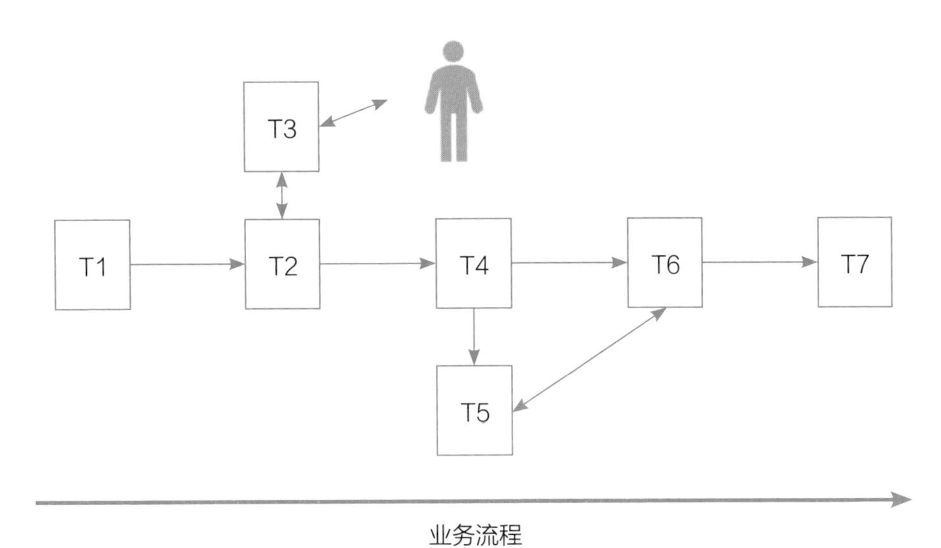

图 3-2　业务流程和任务关系

为其销售流程的管理和监控工具，而无须与公司信息部门联系即可单独采购和使用销售管理工具。这被称为“影子 IT”。由于 RPA 的进入成本很低并且安装和操作简单，因此被认为与影子 IT 相似。脱离 IT 保护伞来实施技术自然会有许多潜在的问题，但通常是一种有效的策略，可以实现快速实施而且可以规避 IT 实施带来的一些潜在缺陷。考虑在 IT 保护范围之外实施 RPA 的部门应该更具战略眼光地进行思考。正如《信息周刊》（*Information Week*）的一篇文章所述，影子 IT 具有策略性，IT 应该被纳入项目实施。

RPA 也可以用于信息部门规模较小的企业中。如果信息部门不了解 RPA 工具在公司中的使用，并且无法评估出违反各种数据保护和隐私保护条例而带来的风险，那么 RPA 和影子 IT 就会变成一个大问题。另一个问题是，如果那些使用 RPA 的部门决定不再投入资源用于管理 RPA 而将其完全抛给信息部门时，信息部门可能就会出现预算超支和资源短缺。这个问题一直在影子 IT 中存在，并且很有可能影响到 RPA 实施。

一旦发现实施 RPA 的机会，首先就是研究业务需求并选择合适的工具。在对技术做出任何决定之前，必须选择出要实施自动化的流程。流程选择对于获取成功至关重要，而且可以帮助解决许多问题。但是，在选择业务流程之前，重要的是要评审现有流程。从表 3-3 中可以看出，简单和重复性的流程是最易选择和转型成功的流程，并且能在早期 RPA 实施中获取成果。被选择的流程应在其所在操作环境中进行评估。

表 3-3　自动任务分类

	体力工作	认知型工作
容易实现自动化	简单 重复性 可预测 如：数据录入工作	复杂 多数是重复性 可预测 如：保险申请
难以实现自动化	复杂 创造性 不可预测 如：保费协商	复杂 创造性 不可预测 如：项目推进过程

表 3-3 阐明了任务的分类方式。简单的体力工作，如数据输入或引导新客户和供应商，容易实现自动化。例如，引导新客户可能依赖电子邮件和网络订购。如果电子邮件或在线表格不完整，则此流程需要人工协助，而且只有在有人进一步查询丢失信息时才能完善此流程。因此，此流程的人工业务将不再注重于数据录入和数据验证，而更注重于创建附加信息。使用一组正式规则来完成任务的认知流程（例如计算保险费）可以实现自动化。如果决定受到质疑或客户希望与业务员进行谈判，此流程就会变得复杂，难以实现自动化。

例如，创建新客户订单的流程可能包含许多可以自动化的步骤。不同的操作员可能会采用不同的流程。经验丰富的操作员可能会采用自己特定的方法，例如，某件库存商品可能经常被订购，操作员就会对其库存量了如指掌。这样，有经验的操作员只需直接输入相关的库存编号即可，而不用去费力搜索库存编号。当对某流程实施自动化工作时，培训 RPA 工具的操作员应该使用基本流程，而不是他们根据多年经验摸索出来的快捷操作流程。

选择可以从自动化中受益的流程是实施 RPA 的最关键部分。企业中 RPA 的成功实施往往取决于精选流程的自动化。自动化流程的选择标准可能有所不同，但总体原则包括以下内容：

- 选择那些具有重复性和劳动强度较大的需要采用统一方法的工作流程。长时间从事这种工作会让人感到疲倦和无聊，会降低工作效率和准确性。
- 确保充分理解该流程，并考虑到任何快捷操作的可能性。
- 建立清晰易懂的目标。确认 RPA 实践是否被纳入一般战略业务审查？是否关注于特定的战略目标（例如提高生产效率，减少客户等待时间或消除他们的失望之情）？
- 选择目前比较稳定的，未打算调整或包含在新业务流程中的流程。

还有一个重要因素，就是人们对于变革的抵制，尤其是与自动化转型相关的变革。虽然自动化实现了成本节约，但这样可能会使员工感到紧张，担心遭遇失业或大规模裁员。因此，需要良好的变革管理来应对这种情况，RPA 实施者不仅要钻研技术，还要重视人为因素。如果一个企业可以让员工明确意识到他们将从重复性的和枯燥的工作转型到更能体现他们个人价值的工作上，那么该企业就会比其他企业更成功地度过变革期。

在前文中，我们提到了企业以高涨的热情实施新技术解决方案，以期望迅速获得收益，但前提条件是必须确保对最佳流程实施自动化。对于存在缺陷的流程，即使实施自动化流程，其效果也不会比对一个已优化的流程实施糟糕的自动化更好。业务流程管理提供了审查和优化流程的方法，但中小型企业没有能力来实施这些方法以发挥 RPA 的优势。在审查流程及其相关任务时，可以通过一些简单的问题来确定这些流程是否可以进行自动化转型：

- 这个流程中是否有不必要的步骤?
- 是否有多余的操作?
- 删除不必要或多余步骤会对流程造成什么影响?
- 该流程可以简化吗?
- 此流程中编入了哪些业务规则?

虽然这不是一个详尽完整的清单，但可以表明，除了培训自动化方案之外，实施 RPA 还存在许多挑战。

RPA：优势、挑战和警告

本节将详细阐述 RPA 实施的优势与面临的挑战。从 2018 年年末到 2019 年年初，更多的企业开始应用 RPA 来提升业务效率。这些企业借此机会改进了旧的 IT 和业务流程（尤其是易出错的人工和重复性工作）。

节省成本和提高生产率是实施 RPA 的主要驱动力，一些企业声称投资回报率（ROI）能达到 5 ： 1。

在 RPA 实施中，软件机器人被置于现有 IT 系统的顶部，能够帮助工作人员脱离现有工作，从事其他有价值的工作，这种架构风格相对容易部署并获得早期优势?

- RPA 在执行任务时错误率更低，因为它不会像人类一样感到疲倦或无聊。
- RPA 可以轻松地从电子邮件、在线发票或付款中收集数据，并将其纳入公司的信息系统中。
- 自动化流程可以管理来自各种不同系统的数据，从而提高性能，并有助于提高法规遵从性。
- 支持遵从性的规则总在任务的同一阶段得以应用，使法规遵从性得以增强。

- RPA 工具可以改进分析和报告并提升员工满意度。

RPA 不会取代某一流程任务中的所有人工功能，如图 3-2 所示。有些任务可以自动化，而其他任务则不能自动化或需要某种形式的外部验证。此类任务可能需要验证或额外信息，而且在特殊情况下可能需要进行主观判断。

有一些可自动化流程容易获取和成功实施。表 3-3 中所示的重复且简单的任务都是很好的自动化对象，可以实现良好的投资回报率，而且更困难的任务可能会带来更大的收益。客户服务需要人与人之间沟通，因此实现自动化较为困难，但是供货商的客服沟通可以使用聊天机器人来实现自动化沟通，那么这不仅会让员工摆脱机械式问答，以提供更个性化的沟通或从事更具挑战性的任务，而且还可以让企业实现每周 7 天、每天 24 小时全天候服务支持，而无须在不同地点派遣员工轮班工作。

如果设定一些基本规则，甚至人类做出的一些更抽象的决定也可以被编入程序。如果询问诸如人事经理之类的决策者如何做出决定，他们可以说出一些他们采用的规则。例如，他们可能会将候选人的资历与期望的标准进行参照。如果决策者期望候选人在原公司任职超过 1 年，那么这条规则也适用于所有递交的候选简历。有些基于管理者经验或个人知识建立的用于完善进一步搜索的潜在规则可能无法被编入程序。在未来，可以将这种经验式理解的规则进行处理并编入程序。

员工肯定非常愿意将烦琐乏味的任务交给 RPA，而且还能提高准确性。越难以实现任务自动化就越容易引起员工的不安情绪，因为其中许多任务可能是员工的唯一专业特长，因此他们会觉得更受威胁。如果管理层没有有效地实施变革管理和员工沟通，就会使一些骨干员工感到担忧。此问题应该在实施阶段解决。在实施自动化转型的过程中，一个主要挑战就是员工关系。不久前，我与一些打算使用工资自动化软件的客户进行了座谈，有位客户发言：“这样可以加快和简化工资结算员的工作，一天内就能编制和发放工资单。”而他并没有注意到参会人员中还有一位工资结算员。工资结算员平时唯一的工作就是编制工资单，因此他感到自己的职业受到了很大的威胁。

应该与员工针对 RPA 导致的业务模式变更进行良好沟通，并且还应从业务模式的角度考虑对失去岗位的员工调配工作和再培训。如果业务模式只注重自动化技术而忽略员工感受，那么自动化就会带来更大的威胁。

另一个主要挑战是如何对实施过程进行管理。看似清晰明确，但正如前文所述，不良的变革管理和员工沟通可能会严重影响 RPA 的实施。在项目开始和履行期间，必须执行一些高级决策和任务，例如：

- 确定准备实施自动化的流程。
- 优化流程，审查当前流程，查看是否有多余的步骤。
- 管理业务变更，以及协调信息部门和业务部门之间的关系。
- 谁负责执行此项目？
- 持续改进、回顾和检查“本地管理协议”。
- 对失去岗位的员工进行管理：
    - 重新调配工作。
    - 异常情况的检查与审核。
    - 通过更直观 / 创造性的工作和更多的机器人来扩展职业范围。

尽管机器人的执行速度比人类快得多，但机器人只能在流程限定的速度范围内执行任务。例如，如果两个数据库之间的相关性搜索需要 1 分钟，那么无论是机器人执行搜索还是人工搜索，此流程都需要 1 分钟。软件机器人必须遵守基础系统的架构规则和合规性。

如果如前所述，有可能出现 5 ： 1 的投资回报率，那么任何外包方案都必须考虑平衡自动化任务的风险而不是将重复性任务转至海外。风险包括成本和投资回报率、培训离岸员工的自动化工作速度以及离岸会遇到的时区、语言和质量方面的挑战难题。聊天机器人也会影响离岸外包工作。离岸外包自动化工作的风险来自使用核心应用的对话系统，如自动服务台和呼叫中心。聊天机器人会存在这种潜在风险，但是 RPA 不会影响离岸外包工作。一些专家认为离岸外包工作数量将会增加而不是减少。任何现有的离岸主机都可能会继续留在离岸，而让人有些困惑的是，回岸也在逐渐增加。流程和应用程序的回岸和内包是将工作机会带回本国或国内企业的一种途径。

应用 RPA 时，还存在一个不可忽视的问题，那就是掌握流程的业务团队与开发 IT 业务支持软件的 IT 团队之间的关系问题。这两个团队往往存在很大脱节，RPA 不会改变这一点，除非业务部门自己开发流程自动化。

智能自动化、机器人和聊天机器人

在本章中，我们阐述了 RPA 实施必须通过学习才能实现。专家用户完成任务后，机器人学习和记录鼠标的操作过程。当你展望 RPA 和自动化的未来时，很容易“落入陷阱”，认为人工智能可以解决一切问题，让软件机器人自动化除最难任务之外的所有任务甚至整个流程。

AIMDek 公司指出，RPA 可分为几类，包括辅助型 RPA（由人类监督 RPA 活动）和无辅助 RPA（由软件在服务器上运行而无须人工干预），尽管该流程可能会调用其他服务器和应用程序。图 3-2 表明此流程由许多任务组成。有些任务是并行完成的，有些任务则需要其他任务的支持才能完成。无辅助 RPA 可以自动化完成某一任务而无须人工干预，例如，无辅助 RPA 可以完成所有任务以完成抵押贷款申请，尽管该流程可能需要干预并最终需要人工授权来完成。

软件供应商对 RPA 的未来存在许多争议性的观点，并且创造了许多相关的术语，通过这些术语，我们可以了解供应商们对流程自动化未来发展的看法。

最近的行业共识是，RPA 将进化为认知 RPA（CRPA）或认知自动化（CA）。认知 RPA（CRPA）充分利用人工智能，可应用光学字符读取等技术。认知自动化经过预先培训，可以使特定的业务流程自动化。这两者具有相似的范围，未来人工智能将进一步扩展流程自动化的范围，以处理更复杂的任务和流程。RPA 实施的下一阶段是将人工智能应用于非结构化数据和结构化数据。

专家访谈——塞尔日 · 曼科夫斯基

塞尔日 · 曼科夫斯基是工作流程自动化方面的专家，在这一领域拥有大量专利，他对智能自动化有一些有趣的见解。在这次访谈中，我们与曼科夫斯基针对 RPA 和智能自动化以及他对工作流程自动化、人工智能和机器学习等领域的工作开展了讨论。为便于理解，我们对部分内容进行了调整。

- 智能自动化是几年前出现的术语。最早的表述是企业自动化和工作负载自动化。该领域中的许多工具都有人工智能组件，但并非核心功能。关键路径分析采用了一些 AI 工具，智能路由也带有一些智能元素，但直到聊天机器人和机器人成为主流后，智能自动化系统才得以构建。虽然有新瓶装旧酒之嫌，但有些系统的确变得越来越智能。一个很好的例子是文档管理系统，它实际上是一个巨大的工作流程系统。有一些人工智能组件可以帮助公司制定一些智能路由非核心决策。虽然聊天机器人和机器人让媒体围绕智能自动化进行了大肆炒作，但它们仍然存在必须解决的相同问题。
- 随着时间的推移，流程自动化的概念不断扩展，但目前仍未完善。在此领域中，开放源码很少，确立标准也很少。持续交付会在敏捷开发和持续交付领域的其他模型中创造出孤岛。
- 智能自动化出其不意地接管了企业自动化。企业自动化曾被用于构建具有良好设置程序的大型系统环境，并且构建了许多超大型系统。这些超大型系统具有版本控制和其他可以实现自动化管理的流程。敏捷开发模型及其配套流程和工具具有不同的基础架构，并且还支持移动基础架构。这是一种基于敏捷模型和基础架构的新型自动化。此类自动化按小时或按天交付更新内容。它使用封装集成工具在交付窗口中进行每日集成，并受到开源的影响。如前所述，开源的卓越表现让许多工具和基础架构提供商措手不及。他们正在激烈竞争，试图从产品中赚钱。有很多开源工具免费使用，例如，敏捷工具完全免费。而商用敏捷工具提供商必须考虑到客户希望通过使用带有公司品牌的工具来减轻管理开源工具的责任。

- 在企业 IT、文档处理和智能制造中存在许多自动化孤岛。例如，智能制造为以市场为参与者主导的物流和供应链提供了先进的解决方案。自动化就像一张挂毯，上面点缀许多小组件，例如数据预处理管道。数据管道是日常需求，需要可重复性和大规模。还需要一些新工具，但目前尚未完全满足。重点应放在智能自动化，而不是创建新工具。
- 智能自动化由几个扩展层组成，不仅要关注聊天机器人和“明星产品”，还需要基础架构支持。企业基本上仍在构建旧式的专有基础架构。现在，自动化需求有所不同，解决方案也有所不同。一些公司正在提供能够连接自动化孤岛的工具，但仍然不清楚什么是智能自动化，其中包含哪些组件。
- 毋庸置疑，聊天机器人和其他“明星产品”需要与企业自动化集成。这就需要软件基础架构的支持，将专有解决方案整合在一起。这样就可以通过持续交付管道来更新机器人中的软件。
- 不同的机器人可以在机器人操作系统（ROS）中使用主题式发布 / 订阅模型进行通信。ROS 是用于机器人的开放源码的操作系统，可以解释高级命令并转化为动作。例如，命令机器人进入智能建筑。这就需要采用复杂的方法来协调机器人与建筑。机器人与建筑之间可能存在目标冲突，可以根据机器人的意图来拒绝或允许机器人进入建筑。这就需要在语义层级做到这一点。通过语义规则，就可以轻松实现接口级的通信。

- 如果你拥有一个结构良好而且达到测试标准的健康 API 接口，那就应该能够在语义层面上说："我完成了哪些任务？""高级目标是什么？"此功能在某种场景下非常重要。例如，可以询问以下问题：
  - 我完成这个目标会有怎样的结果？
  - 我会失败吗？
  - 我需要哪些额外资源？
  - 我需要具备何种能力？
  - 这是否违反了某些约束条件？
- 这些都是智能自动化组件。通过管理这些组件，我们就可以监督系统，确保其合理运行。换言之，我们可以明确了解系统的当前工作并预知其未来进展。如果我们能看到引发故障的问题，就可以评估故障风险和后续成本。如何协调智能自动化与企业工作流程自动化之间的关系，以及 IT 任务自动化与业务自动化之间的关系？如果故障成本很高，而故障的风险概率（或可能性）很低，那么就不存在故障问题。目前，智能自动化系统还不具备自动修复故障的功能。智能自动化必须务实地发展，不应用一味的新奇特来博取眼球，而应该踏实地解决大众问题。
- 目前的一个研究方向是针对问题升级来创建问题黑板。消息管道上有许多人工智能工具，这些工具可以智能解析消息，将任何潜在问题列在"黑板"上进行审查。委派能够解决特定问题事件的人员来管理这些问题审查，然后系统学习审查结果，从而更好地识别问题和给出基于事实的回答。
- 下一代更具理性的人工智能可以用于管理人类员工，并实现人机协同工作。在此模型中，机器会挖掘数据并提出结论，最终由人类做出决策。

这并不是一个新创意，但是需要不懈努力才能完善成为一个可扩展、可重复且合理的工作流程。智能自动化将在关键路径上实现人类的工作效率，但不管专家如何评论，这都不会造成减员，反而会增加现有员工的工作范围。这还需要对持续学习和员工发展进行大力投入，例如，数据科学家可能需要对近期出现的“新事物”进行学习和研究，以保持他们的专业水平。

- 好消息是，我们目前正处于关键发展阶段。现有技术已经应用到许多人工智能领域。我们已经拥有可以构建人工智能解决方案的技术。例如，谷歌正在部署并向世界展示如何构建大规模机器学习模型。而目前的主要问题就是人力资源，需要吸引人才参与其中。教授们指出，他们在硅谷基本上找不到优秀的博士毕业生，因为学生们都选择进入公司从事机器学习。云服务提供商正在大量采集数据；机器学习可以收集数据并用于推理，尽管云服务提供商将收取访问数据的费用。要对此进行建模，我们需要一个很好的应用行业，医疗保健要比自动驾驶汽车更合适，可能会产生有趣的结果。
- 一个关键要素就是“通用逼近定理”，目前被用于处理假新闻、电影等。此定理可以用于强化学习，并且只要有好的适应环境，就可以通过学习来实现任何流程的自动化。它可以连续回放，还可以通过对抗性学习来制定规则。
- 有许多游戏公司创造了良好的全景模拟和 3D 模拟。例如，Unity 只需一些低风险实验即可创建模拟世界。如果你拥有一群可以在模拟环境中学习的机器人，那么你就不需要建立一个实体的自动化系统来评估智能自动化。这将彻底颠覆现有的模型。当然，你也可以创建智能实体并将其放入虚拟世界中，按照你制定的规则行动。如果想要制定规则，比如说停留在红线上，那么就需要设计一个适应环境。机器人将在虚拟世界中学习，几乎没有任何风险。

- 强化学习旨在培训智能（自动化）代理，而其他形式的学习旨在进行预测或估算。强化学习（RL）通过最大化奖励（而不是制定明确规则）来教会机器自动化执行任务，让机器可以迅速执行自动化行为。从本质上讲，这就是当今机器人学习走路的方式。有趣的是，RL 能让智能代理找到人类从未发现的全新自动化策略。这种能力是人类无法企及的，但前提是必须创建一个“智能笼子”来约束智能自动化，使其不会开发出违反其运行策略和约束性的模型。
- 创建“智能笼子”也许是未来智能自动化的最重要环节，正如人们目前开发深度伪造探测器的重要性。通过使用基于 AI 的深度伪造检测器来对抗基于 AI 的深度伪造技术，研究人员为创建用于约束智能自动化代理的“智能笼子”铺平了道路。“智能笼子”就像是具有集成结构的防火墙，将自动化孤岛纳入无缝流程中，从而定义了总体流程行为的边界。
- 当前的许多人工智能公司都使用单个人工智能实体来完成单一用途的任务。多个智能代理可以在设定的时间内在虚拟世界中毫无风险地行动，因为他们都处于虚拟现实中。目前最大的问题就是设计适应环境，自动化的创建取决于适应环境的设计。
- 只要自动化不断得到优化，人工智能的美好未来就将到来。我们要知道如何进行优化，才可以根据规则来修改函数。实现这点后，智能代理就会激增。我们大可不必感到悲观和绝望，因为我们可以制定雇用规则。我们要管理机器，而不是让机器来管理我们。
- 特别是对于 RPA，大公司有能力开发具有优化流程的 RPA，可以聘用物流和运营人员来优化流程。中小型企业则不具备同样的能力，其中某些行业的公司在这方面做得更好。

此外，曼科夫斯基还提出了以下重要观点：

- 媒体炒作引起了人们对自动化的兴趣，尽管现实发展要比想象慢得多。
- 随着时间的推移，人们对自动化的兴趣与日俱增，自动化水平也在不断提高。
- 设立标准和开源解决方案很少，进一步推动了供应商锁定，并使不同解决方案之间的交互变得困难。
- 需要底层软件架构实现自动化，以实现规模性能和支持 RPA 流程的弹性基础架构。
- 人工智能和机器人工具的虚拟实验可以在虚拟现实平台进行。
- 我们已经拥有了人工智能的关键元素，已经有足够的技术覆盖大多数人工智能领域。
- 资源是一个老生常谈的问题，教授们说他们找不到足够优秀的人工智能博士候选人。

尽管曼科夫斯基的许多观点与我们的想法不谋而合，但使用 3D 模拟来实验测试机器人理论并不像论述的那样先进，尽管它已经是一个成熟的模型。实际上，我们在 2018 年曾多次召开会议，探讨在没有物理工程实验室的情况下在低成本和低风险的环境中使用游戏模型来测试机器人协作理论的可行性。这种方法可以生成实验所需的大量数据。

我们在前文曾提到，RPA 不会更改流程，曼科夫斯基对此表示认同。他还强调，在实施 RPA 之前，需要优化流程。种种迹象表明，未来不会出现大量员工失业，重复性工作将实现自动化，工人们将转型从事更具创造性和更有趣的工作。未来，中小型企业也能拥有现在大型企业所用的设施。虽然大型企业可以聘用团队来优化流程和 IT 业务，但中小型企业也能通过低成本的 RPA 来实现流程自动化。

归纳与总结

如今，RPA 技术正得到广泛应用，帮助企业使用已知规则来实现高容量和高错误率的可重复流程的自动化。这种自动化可以通过离岸外包团队来轻松实现，但是需要自动化的任务数量仍然比较多，并且需要实现内部自动化。人们最初认为，RPA 与许多其他自动化策略一样，将导致大量员工失业。而现在人们逐渐认识到，员工将转型工作，而不是被 RPA 取代。他们将被调配到更有价值、重复性更低的工作中。但是，毫无疑问，RPA 在未来将成为就业破坏者。实施 RPA 的变革策略必须要考虑人员因素，以更有效地开发自动化解决方案。可靠的变革管理策略将在很大程度上规避想象中的失业压力。

对于 RPA 的应用，人们的观点各异。一些分析家指出，RPA 已经处于关键部署阶段。这是因为 RPA 的进入成本低，而且人工智能和机器人技术正处于早期应用阶段。流程管理和优化是 RPA 项目中的重要技术。本章重点探讨 RPA 及其对业务的影响。如果不使用相关的技术，这种影响就会减少，从而确保自动化项目处于最佳状态以实现最大效果。

人们对自动化（尤其是 RPA）有着不同的看法，而人们对于 RPA 的预测似乎更加务实，这或许是因为更多的人看到了 RPA 的真正的商业价值。RPA 的价值正在逐步提升，而且目前中小型企业正在寻找能实现良好投入产出比（ROI）的自动化技术，所以 RPA 将会继续升值。RPA 可以让许多本来可以外包的任务实现自动化，从而影响外包业务。但是，由于外包的任务和流程非常多，所以外包业务也将同步增长。

目前值得关注的是，业务部门经理将来可能会通过影子 IT 团队来部署 RPA。业务经理试图避开信息部门的一个原因是，许多公司都受到了 IT 项目失败的巨大影响。有无数 IT 项目都遭遇了失败。失败的原因有很多，比如预算超支、功能不良、性能不佳等。业务部门经理通常希望控制影响对应业务的项目。这可能导致一些问题，包括与现有系统集成、符合企业标准，以及不断增加的业务预算需求。业务部门和信息部门应该共同协作来解决这些问题。

总之，我们发现：

- RPA 将彻底颠覆未来的商业、工作和就业。
- 大多数员工将转型从事其他工作。
- 需要选择和优化流程，以便从自动化中获得最大利益。
- 中小型企业会被较低的进入成本所吸引。
- 将来，随着更复杂的任务和流程通过 RPA 实现自动化，就业形势将进一步发生巨变。
- 通过人工智能实现的智能自动化必须能在关键路径上控制人类，否则自动化任务将变得更加复杂。
- 任务流程和人类之间的智能交互将是自动化发展的下一阶段，我们将在第四章“团队中的机器人”对此作详细阐述。

最后，本章和后续章节详细阐述了我们期望实现的目标，即：业务经理最终能够与熟悉并可以轻松学习全新业务知识的机器人自然沟通并告知其新流程。这将彻底改变业务，因为机器人配套的应用程序就可以支持业务，而无须向信息部门解释业务流程。

第四章
团队中的机器人

毁灭！如果你站在加勒比岛加勒比市上的海港大道和前街的拐角处，就会透过薄雾和尘埃看到令人震惊和心痛的狼藉场景，这是近日一场5级飓风的杰作。[1]这座古朴雅致的旅游城市曾经深受游客欢迎，而如今房屋和各种建筑被飓风无情地摧毁，到处散落着木块、玻璃和金属碎片。几天后，飓风逐渐消退，但大火仍然肆虐。

搜救无人机在城市中穿梭。海港大道和前街的拐角处对于人类来说是危险之地，但大小和形状不同的机器人正在那里的废墟上缓慢移动。无人机使用红外和声音传感器搜索生命迹象。仿照美国国家航空航天局（NASA）的外星探测车设计的陆地作业机器人正在崎岖危险的地形中小心翼翼地行进。如果地面塌陷，它们会翻倒或跌落，但很快就会稳定下来，重新爬回坚实的土地。医疗吊舱被空运到稳定的中心位置。所有这些都是使用遥控和半自主机器人完成的。参与救援者组建了小型团队，彼此沟通，而且与医务人员和主管沟通。每个团队分管城市中的一块确定区域。他们使用采集的数据来定位工作区域和损坏的基础设施，并实施进一步的监视，以预测安全和不安全区域，并自动执行各种重建任务。在更安全的区域内，幸存者与人机现场救援小组一起工作。

要创建前文所述的那种机器人，必须克服一些科学难题，但是我们的许多设想正在迅速成为现实。有个很好的例子，例如人们可以使用机器人来协助或代替人类执行搜索和救援。这些任务大多既危险又艰巨。完成这些任务需要持续的精神集中以及超人的体能和感官能力才能完成。

---

[1] 岛屿、城市和细节纯属虚构。

协作机器人简介

在本章中，我们重点介绍协作机器人（Cobot）。它们也被称为社交机器人。我们使用一个宽泛的定义：协作机器人是与人类一起协同工作，协助并与人类合作操纵物理和逻辑对象（即数据），从而实现某种目标的机器人。在本章中，我们将使用协作机器人一词来专门指代与人类协同工作的机器人，与在各种空间工作的工业机器人予以区分。

工业机器人（通常不与人类互动）的基本要求如下：

1. 集成（或融合）来自各种来源的数据（来自传感器和其他计算机的信息），并通过通信网络传输。

2. 在其物理和逻辑环境中执行操作，以影响某些明确的目标。这通常需要复杂的决策软件，以适应通过其内部和外部通信网络接收的数据和指令的变化。[1]

协作机器人必须满足这两个基本要求，但也必须能够在社会环境中执行行动。就像在本章引言中的搜索和救援案例一样，协作机器人必须了解其环境中的人类，评估这些人（急救人员、志愿者、患者等）的角色，并与他们进行良好的沟通和行动。在下一节中，我们将探讨协作机器人如何改变企业的工作。

复杂环境中的协作机器人

“科技发烧友经常有一种错觉，即高度自动化的世界对人类的才智要求更低……这显然是错误的。”

——维纳（Wiener, N.），1964 年

---

[1] 从数据融合到意向行为的映射通常是通过环境模型来介导的，该模型可以是学习的或预定义的。或者，数据和动作之间的映射可以由监视和发出命令的人类操作者来处理。

协作机器人的设计目标是与人类一起完成复杂的任务。这与传统的工业机器人形成鲜明对比，传统的工业机器人是在与人类工作区域分开的物理空间中进行作业。

在过去几十年中，传统的工业机器人已经应用于许多大规模和高速的应用领域（例如：邮件分类、焊接或注塑成型，其中机器人与人类工人在不同空间工作）。在这些应用领域中，机器人需要执行精确的动作，与其他机器和机器人一起工作，并且在很少或没有监督的情况下对不会经常变更的流程或产品执行自动化任务。工业机器人旨在以高速度和低成本完成常规和精确的任务，代替人类来完成过于危险、乏味或烦琐的任务。它们本质上是第 3 章“机器人流程自动化”中探讨的自动化实体。

RPA 和智能自动化促进了其他工业流程（管理和控制）与实际生产的结合，包括那些使用工业机器人的流程。根据《财富商业洞察》（*Fortune Business Insights*）的数据，从人工劳动到自动化的快速发展使得市场对工业机器人的需求不断增长。2018 年，工业机器人的全球市场规模接近 190 亿美元，预计在 2026 年将达到近 600 亿美元。

协作机器人不同于普通机器人。协作机器人设计用于与人类协同工作或接受人类训练。与工业机器人相比，它们更轻、更安全（对人类而言）、更敏捷并且（比工业机器人）更智能，而且在某些时候可以让非专业人员更轻松地进行编程。一些协作机器人就像人类那样通过模仿他人动作或通过指导经验来学习。

传统工业机器人需要高额成本，而单个协作机器人则相对便宜，因此可以随着业务需求的增长进行规模化生产。协作机器人因此正在改变许多行业、部门和地区。尽管协作机器人的市场目前小于工业机器人的市场，但预期增长率比工业机器人市场要高得多：目前协作机器人的全球市场规模为 15.7 亿美元，预计到 2026 年将增长到 235.9 亿美元。通用机器人公司（Universal Robots）目前在协作机器人市场上占主导地位，约占 60% 的市场份额，但一些公司如 ABB、罗伯特 · 博世（Robert Bosch）、库卡（KUKA），以及发那科（FANUC）现在正在争夺这个重要的市场。

协作机器人在未来将改变企业中的工作。协作机器人目前参与腹腔镜手术，提供按摩服务，并可在挤奶前后对奶牛进行乳房消毒。GROWBOT（用于观赏植物生产任务的种植者可重复编程的机器人）是英国国王学院的一项研究项目，该项目正在使用模仿学习来教协作机器人执行小型和精细的园艺任务，例如“剪枝和插枝，对植物标本进行分级和整理”。

为了说明协作机器人的一些重要难题和好处，以下三个小节探讨了如何在三种不同的环境中使用协作机器人：搜索与救援、手术和订单履行。

搜索与救援

威廉姆斯（Williams，A）等人在他们《关于搜索、营救、疏散和医疗机器人的综述与分析》一文中，将搜索和救援分为四个基本任务：搜索、营救、疏散和治疗。并根据这些任务设计和部署了各种机器人，这些任务之间几乎没有重叠部分（尽管有些机器人可能被设计为与其他机器人协同工作）。

搜索机器人不需要社交，在搜救机器人的四个类别中，搜索机器人（尤其是飞行机器人和潜水机器人）的应用最广泛。它们需要能够勘查受灾地区，寻找人类并识别不稳定的环境（如有毒或挥发性气体和不安全的基础设施）；而且它们需要具备较量化、低能耗（实现几乎连续的操作）和模块化（能够轻松添加或移除各种类型的传感器、机械臂和操纵器）的特点。基本的设计宗旨是争分夺秒完成搜救：受灾人员越早被救出，生存的概率就越大。要找到受灾人员，需要整合来自各种传感器的数据，如 CO_2 探测器、热成像和可见光谱相机和化学（嗅觉）探测器。在许多方面，搜索机器人的任务就像模仿搜救犬的工作一样并予以扩展。

许多搜索机器人都是远程操控，但在理想情况下，即使在通信中断或对实时响应速度太慢的情况下，它们也应该能够继续操作并根据实际情况做出快速反应。搜索机器人还需要具有足够的敏捷性和足够小的体积，以进入和穿过形状各异的开口和隧道。根据威廉姆斯等人的说法，搜索机器人可以分为三大类：评估结构和基础结构的破坏情况和稳定性，采集数据以进行进一步处理，并发现被困或受伤的人员。此外，某些机器人可以进行小型维修或设施调整（例如关闭阀门来停止气流），或者可以运输少量药品和其他供应物资。

其他三类搜救机器人用于营救、疏散和医疗。在这些活动中，与人类患者的互动非常重要而且困难。某些营救系统仅在将伤员抬到机器人的柔性担架上时才能起作用（如智能机器人“女武神”[1]）；而某些机器人可以抬起受灾者[例如：威克纳机器人公司（Vecna Robotics）生产的战场营救机器人[2]]，但只有在受害者没有头部或颈部外伤的情况下，才建议这样做。

诸如伤员生命支持与运送系统（LSTAT）的疏散系统可将患者运送到现场医院进行进一步救治，一般用于监测患者的血压、脉搏、温度、含氧量等。LSTAT 在医院和军事领域研究中得到成功应用。

手术

本小节探讨了协作机器人在外科手术中的应用。在当前的外科手术应用中，协作机器人由人类外科医生远程控制。

在医疗手术中使用遥控机器人并非没有争议。外科医生监视多个显示器并指导机器人。机器人通常位于手术台上方，使用精确的布满传感装置的“手指”来检查和操作。

在设计协作机器人系统时，除了有效性、功能、可靠性和成本的基础问题外，还必须考虑心理和社会学问题。由此建立的人机系统是有效和健康的伙伴

---

[1] “女武神”（Valkyrie）是 iRobot 公司于 2003 年开发的救援机器人。

[2] 战场营救机器人是由威克纳机器人公司于 2004 年开发的仿人机器人。

关系吗？当遥控机器人用于手术时会发生什么？权力和权威如何发生转移？它会改变医患关系吗？它会改变外科医生和其他手术团队成员之间的关系吗？

若朱奥（Juo，Y.Y.）等人于 2018 年进行了一项研究，探讨了从 2008 年到 2013 年机器人辅助腹腔镜手术数量翻倍的现象，并发现“机器人辅助使用的频率与死亡率、费用或住院时间等相关结果统计数据之间并无显著关联”。此外，对于女性子宫内膜手术、机器人手术和传统腹腔镜手术的自我报告的术后结果也没有差异。两种腹腔镜手术均比开腹手术的效果更好，在机器人手术与传统腹腔镜手术之间并未发现患者报告的结果差异。

然而，在对传统腹腔镜手术和机器人辅助减肥手术的比较中，人们发现，机器人手术时间明显更长，而且在胃旁路手术中，机器人手术的总渗血和出血率更高，而腹腔镜手术的输血率更高。在袖状胃切除术病例中，机器人手术导致的某些后果例如再次手术、再入院、败血症等问题的概率更高。

一份对 27 例机器人手术和传统腹腔镜手术临床报告（从 1981 年至 2016 年）的荟萃分析（Meta-analysis）的结果表明，除了较低的估计失血量，机器人辅助手术的效果并不明显优于传统手术。实际上，传统手术方法具有更短的手术时间，更低的并发症发生率和更低的总成本。

机器人手术是一种变革性技术，彻底改变了团队合作的方式。这些机器人的临床应用从根本上改变了手术环境。在人工手术中，外科医生直接面对患者工作，手术团队则围绕在外科医生身旁，听从其指挥。传统的腹腔镜检查在某种程度上虽然有所改变，但是外科医生和手术团队仍然在患者身边工作，并且手术团队仍然围绕着外科医生。

机器人手术改变了这种状况：多臂手术机器人，如“达·芬奇”远程外科机器人。机器人的手臂和微小的关节驱动器可以轻松地以接近完美的精度和稳定性移动，而人类则无法做到。连接到关节驱动器上的传感器可提供有关患者状况的信息，这是传统手术无法做到的。而获取感觉信息的人工智能则提供了有关患者健康状况的实时预测，例如判断观察到的组织是癌变还是良性肿瘤。

这些是机器人和机器学习技术的巨大成就。

然而，外科医生现在距离患者较远。在房间的另一侧，外科医生坐在监视器和控制台前，通过各种手势和命令控制机器人手臂。手术团队不再围绕在外科医生身旁，但其中一些人正在监视患者。除了前文提到的好处外，机器人手术还改变了手术室的物理布置以及人类互动的方式。需要更多的语言沟通，因为人们无法再通过眼神和手势轻松交流，而且学生不再作为外科医生的身体和感觉系统的延伸部分而参与手术过程，因此不会获得直接培训的同等效果。

机器人手术的评估不仅应该衡量传统的关键绩效指标，如手术持续时间、成本、失血和其他并发症以及术后健康，还应该衡量社会学影响：机器人手术如何影响外科医生和手术团队的绩效？学生的培训？以及团队的实时决策能力？多机器人辅助手术的手术时间更长，可能是由于机器人的位置和动作所引发的团队内部通信障碍所致。随着时间的推移和经验的积累，手术团队会逐渐适应他们的新“成员”，但某些问题可能会对手术人员的培训和行为产生长期影响。

订单履行

通过几个机器人辅助履行仓库订单的案例，我们可以更深入地了解了协作机器人的优势和缺陷。2018 年 12 月，在新泽西州的一个亚马逊仓库中，人类与机器人正在快速处理客户订单。突然，一罐防熊喷雾被机器人意外刺穿，导致五十四名员工吸入有毒烟雾，其中二十名员工住院。2015 年，在得克萨斯州哈斯利特的一家亚马逊工厂也发生了类似事故，当时一个机器人打翻了一罐防熊喷雾。

这些事故引发了人们对于机器人应用的深思。人类工人可能也会打翻防熊喷雾，但是不会用脚把罐子踩爆，而是停下脚步，弯腰捡起并重新储存未损坏的罐子。我们应该开发一种高效和低成本的解决方案，让机器人学会监控自己的行为，停止可能会导致可怕后果的行为并采取纠正措施。要实现这点绝非易事，这是一项研究难题。

除了拾取掉落物品以外，人类工人还要进入机器人作业的受限空间执行安装、维护和测试等工作。人类在这些受限空间中工作的危险性显而易见。亚马逊公司在近期推出了一种电子背心，以改善人类和机器人的互动。这种电子背心能使机器人更快更准确地检测人类，从而在移动时避开人类。尽管存在一定风险，但在仓库中使用机器人可以提高效率和准确性，因为机器人在需要超强体能和耐力的任务中仍然表现出色。

与人类协同工作

前文所述各个范例（搜索和救援、手术和仓库团队）都反映了人机协同工作时可能存在的优势和缺陷。协作机器人比人类更强大和敏捷。他们可以掌握人类无法实时访问的数据，并且可以比人类更快地响应这些数据。而人类可以更好地适应环境变化，并且可以更灵活地思考和解决问题。机器人具有特定和明确的任务目标；而人类具有更强的适应力。那么，他们如何在人机团队中互相协作以服务于人类社会呢？

人类是社会性动物，我们与工具、其他物种和环境的互动方式受到人类互动方式的强烈影响。我们喜欢拟人化，会给自己的汽车和宠物起名字。人类基于交流对话对人类与计算机和其他智能技术的交互进行建模，这是一个很好的策略，因为这些技术使用的交互方法是由人类设计的，并且可以被视为人类与计算机进行的扩展对话。随着机器人变得越来越聪明，反应也越来越多样化，我们将逐渐赋予机器人更多的个性并给他们起拟人化的名称。我们将适应他们的局限性和能力，并通过迭代设计和机器学习，让它们逐渐适应我们。

自动化和协作水平

自动化和协作不是人机交互中可有可无的简单概念。它是一个跨多个维度存在的连续体。在表 4-1 中，我们阐述了这个连续体，将其分为自动化与人机协作（第二列和第三列）两大部分，以及从与非智能机器工具交互到与具有人工智能和自主性的机器人协作的五个协作级别（0 到 4）。在“自动化”一列中，提供了在没有频繁人工监督的情况下运行机器的示例。“人机协作”一列则重点提供了人机频繁交流的示例，说明了成员行为如何彼此影响。

表 4-1　自动化和协作层级

层级	自动化	人机协作
0. 非智能工具	没有智能自动化 ● 在很少或没有人工监督的情况下运行的非智能设备 ● 示例：20 世纪 30 年代之前制造的燃气发动机、锅炉、水轮机	没有智能交互 ● 人类做出所有决定，并且解释是固定的 ● 示例：在 20 世纪 70 年代前制造的汽车中行驶或制动；机械织布机
1. 人类指导的交互工具	人类指导的自动化 ● 由人类设计和实施的固定逻辑过程 ● 示例：批处理和 RPA；在限制区域中工作的工业机器人；带穿孔卡的提花织机（c.1801）	人类指导的互动 ● 人类做出所有决定；机器可以进行局部调整 ● 示例：现代汽车防抱死制动系统和巡航控制；标准文本（自动纠错）或图形编辑器
2. 部分或有条件的协作	人工辅助自动化 ● 人类选择目标；机器人推荐行动，得到确认后，以有限自主权执行行动 ● 例如：智能建筑自动调节照明和气流；智能流程自动化（IPA）	机器辅助交互 ● 人类选择目标，接收持续的反馈，并可随时快速完全控制。机器人具有有限的自主权 ● 示例：为航空旅行预留航班的虚拟助手；交通感知巡航控制；遥控手术机器人

续表

层级	自动化	人机协作
3. 高度协作	高度自动化 ● 人类（可以远程操作）确定目标并监视情况。机器人自主行动 ● 示例：高度自动的自动驾驶车辆（目前暂时无法实现，仍处于实验中）	人类主导的协作机器人团队 ● 人类确定目标，人类和机器人协作行动 ● 示例：搜救协作机器人；在仓库中与人类一起工作的机器人
4. 机器人主导的管理与协调	完全自动化 机器人确定任务，然后执行所有必要行动（现在还无法实现）	机器人主导的协作机器人团队 ● 机器人确定任务，然后指导人机团队（现在还无法实现）

我们没有在表 4-1 中展示所谓的技术奇点，在这种奇点中，机器占主导地位，并且是极其智能和自主的（通常是专制的）。4 级暗示了这种可能性。

0 级自动化描述了早期的人机交互（预演算计算机）。这是机械和机电设备的时代，许多人在设计、创造、操作和维护这些机器。其中一些机器比较复杂，需要在人类持续监督下进行操作（例如早期的汽车），并且输入和输出之间的关系是模拟的和连续的，比如稍微转动方向盘就会让汽车稍微转向。在这个层级，人与人之间开展协作，机器只是支持工具或基础设施。随着技术不断发展，0 级机器（例如传统的冰箱和火炉）可以在没有人工监督的情况下长时间运行。

1 级自动化反映了人机交互方式的巨大转变。大型计算机在第二次世界大战后的十年中出现，以批处理模式（自动化）接收并执行人工指令。[1] 提花纺织机及其用于输入的穿孔卡（c.1801）是 1 级自动化的早期形式，而机器人流程自动化（RPA）目前是 1 级自动化的普遍形式。

[1] 批处理模式计算可以在最少交互的情况下操作，可以缩短执行时间并且调配资源。

在 20 世纪六七十年代，人类操控的工具变得更具互动性（人机交互）和个人化。在此期间，巡航控制和防抱死制动器在汽车制造业中广泛应用。在 20 世纪 70 年代，个人计算机和高度交互的软件（人机交互）首次作为大众市场消费设备出现。虽然不是真正的人机协作，但这些机器需要能预测人类行为，并根据人力投入和环境条件进行细微调整。带有自动更正功能的标准文本编辑器是 1 级协作的一个很好的范例。

2 级自动化展示了人机交互的重大突破，包括:（a）廉价且高效的数据存储和处理。（b）可使用全球数据。（c）微型物联网设备。（d）新的机器学习技术，尤其是深度学习。这为不完全的和有条件的人工智能提供了强大的技术:

- 自动化：用于智能流程自动化（IPA）的算法和系统。IPA 是一种“包含业务规则、基于经验的上下文逻辑确定和决策标准的预定义组合，用于在动态上下文中启动和执行多个相互关联的人工和自动化流程”。它与 RPA 相似，但具有更大的智能和条件逻辑，IPA 可提供一系列复杂的解决方案，几乎无须人工辅助。
- 人机协作：用于手势和自然语言识别的算法，以及能检索复杂数据库（例如航空信息）的聊天机器人和私人助手。在设备层级，物联网微处理器、传感器和触觉反馈接口已经支持交通感知巡航控制和遥控手术机器人。

目前，聊天机器人和私人助手是比较有趣的设备，它们实现了人机二元智能交互。我们可以与亚马逊 Alexa、苹果 Siri、谷歌助手和微软 Cortana 等人机互动软件进行简短的定向对话。它们是通过规则和（或）机器学习进行设计，以模仿人类做出回答。协作是二元式交互——需要两个参与者，即人与机器。值得注意的是，它们的行为不是自主的，它们只在狭隘的预定义范围内才起作用。有些具有开放思维的私人助手可能会帮你制订旅行计划，为你推荐值得旅游的城市，甚至可能会建议你居家度假。但是，直至 2020 年，我们还没听说任何市场上的聊天机器人会在航班预订对话时打断客户，建议对方在其他城市度假或只是待在家里。

3 级自动化实现了机器人智能和人机交互的关键里程碑，即自主机器人。在这个层级上，人类和机器共同协作，监督彼此的行为，并采取行动以最大程度降低风险并最大化收益。

此层级的自动化称为认知自动化，其定义是："通过执行由基础分析工具本身的知识储备驱动的纠正措施，通过迭代自身的自动化方法和算法来实现目标的系统。"它可以重写自身程序！在某种程度上，这是一个人机交互的关键节点，最终必然发展到 4 级自动化。在 4 级自动化中，机器可以指挥人类的行为和目标（这可能仅限于特定情况，例如搜救或采矿作业）。

在 3 级自动化的人机协作中，协作机器人得以充分应用。这些协作机器人可以观察并与多个参与者（人类和机器人）互动，并将这些数据整合到他们所处社会环境的模型中。为了实现这种水平的整合，人类和机器人都面临着身体和情感认知方面的挑战。

显然，机器人的硬件设计需要实现与人类的高交互性，并且必须将对人类造成的潜在伤害降至最低。但是目前仍存在认知和情感方面的障碍。成为一名优秀的团队成员需要什么？我们将在下一节探讨这个问题。

关于 4 级自动化，我们不会在本章详细探讨，而是将在本书最后一章中阐述。

团队合作：从对话界面到实体协作机器人

本章的后续部分将重点探讨 3 级自动化"高度协作"，以及如何从人机交互的对话界面发展到能与人类进行团队合作的协作机器人。

制造能真正了解多个人类队友的聊天机器人和虚拟助手具有很大挑战性，西林（Seering，J.）等人对此进行了研究。他们对聊天机器人和已部署的聊天机器人的研究进行了系统分类并得出结论：聊天机器人可以参与多人团队是一个非常重要但目前研究不足的课题："在研究文献中，聊天机器人并没有被设计成团队成员，而是被设计成支持团队工作的工具。"[1]

尽管有许多重要的应用程序只需要与某个人互动并为其服务（例如，旅行预订聊天机器人），但是那些准备在现实世界中运行的实体机器人应该能够协调它们在人机团队中的身体、社交和沟通行为。熟悉环境可以降低内在的复杂性。[2]

2017—2018年，本书作者参与开发了面向任务的人机系统计算模型的研究团队。这项研究由坦佩雷大学（Tampere University）的蒙塞夫·加伯伊教授（Professor Moncef Gabbouj）和他的学生实施。作者（当时是CA技术公司的研究科学家）和瓦库里（Vakkuri，M.）（来自叠拓埃夫里公司）[3]提供了用于建模交互的业务框架并指明了行业约束性。

搜索和救援就是适用于此项研究的一种情境（或场景）。机器人的任务是帮助人类在危险的环境中安全行进。与此类似，人类和机器人还可以在工厂、船坞等作业场所中协同工作。在执行任务前，机器人需要将环境分类为对机器人和人类安全或不安全的环境，如果确认安全，则开始实施各种活动，如图4-1

---

❶ 在对聊天机器人研究的系统调查中，西林等人鉴定了104篇研究论文，其中91篇是关于二元通信，6篇是关于广播聊天机器人（向许多收件人发送单向消息的聊天机器人），6篇是关于多用户聊天机器人，还有1篇论文专门阐述这些类别。在他们确定的130个在学术研究之外使用的聊天机器人中，有103个是二元交互聊天机器人，14个是广播聊天机器人，13个是多用户聊天机器人。在13个多用户聊天机器人中，有11个是在在线社区平台上来执行聊天室风格的交互（例如Twitch、Discord和Slack）。

❷ 例如，自动驾驶车辆需要与其他车辆协调运行，并且可能只是与驾驶员进行口头交互。码头工人团队中的某个机器人可能只接受某些团队成员的命令并且可能只执行某些任务。在此情况下，其他人需要学习与这些机器人如何进行交互，了解机器人的意图，以及知晓如何避免干扰其正当作业。

❸ 叠拓公司（Tieto）在并购后，被称为叠拓·埃夫里公司（Tietoevry）。

所示，内框表示架构外部的数据，外框表示协作机器人系统中的软件。从该图中可以看出，为了将环境分类为安全或不安全，机器人需要：

1. 扫描环境和其他数据流。

2. 识别和跟踪人类、机器人、机器和其他环境因素。

3. 根据以下条件更新情境模型：

（1）步骤 1 和 2 的结果；

（2）早期的情况模型（如有）；

（3）关于人、机器人和机器的其他信息；

（4）关于环境及其物理特性的其他信息。

总体的协作机器人控制可以是：

（1）个体控制。每个协作机器人构建唯一环境模型；

（2）分布式控制。协作机器人相互通信以构建统一模型；

（3）集中式控制。控制服务器使用各个协作机器人的输入信息来构建环境模型，以指挥协作机器人。

如果该区域目前不存在人类或机器人，那么此分类法将用于决定人类或机器人（以及何种类型的机器人）是否可以进入该空间。如果人类和机器人已经处于该区域，那么此分类法将用于决定撤离现场或继续工作。如果决定继续工作，那么机器人将使用构成安全分析基础的相同情境模型来执行任务。

为了完成其安全分析并能够在实体环境和社会环境中正确运行，在 3 级自动化（高度协作）上运行的协作机器人需要一种有效且高效的算法来组合不同的数据源，以创建支持协作搜救的一致情境模型。组合不同的数据来源是一项难题，将在第六章“数据世界中的机器人”中进行探讨，本章主要强调了数据源组合与协作的关系。为了与其他种类的机器人和人类进行正确交互，协作机器人必须整合（或融合）有关实体环境和社会环境的信息：实体基础设施的安全性和能力，机器人、人类和其他物体在该环境中的位置，以及其他机器人和人类当前的行为和通信。此信息的完善度和复杂度将取决于协作机器人的预期职责。

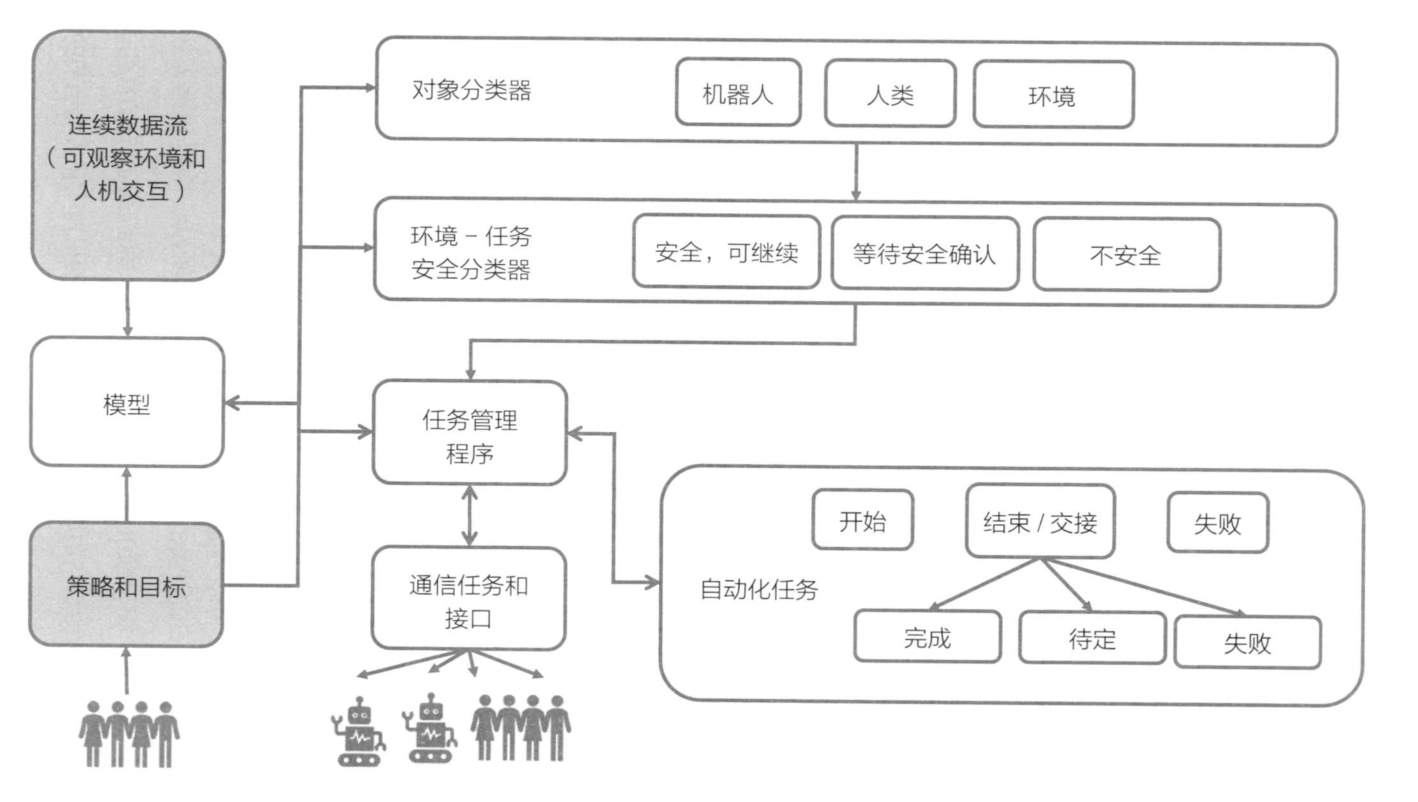

图 4-1 协作机器人软件架构

冲突与信任

在任何多人场景下，都会出现系统冲突。在这些场景中加入半自主的协作机器人不可能减少冲突的数量。某些冲突是因为人类或协作机器人的当前位置与目的地之间的最有效路径被其他人类或协作机器人（或任何运动物体）阻挡或将被阻挡。目前有很多此类研究，诸如空中交通管理系统以及共享工作区中的机器人。其他冲突是因为两个不同的主体希望使用相同的对象：他们试图抓住相同的盒子，编辑相同的文档或想利用某个机器人或人。在这些情况下，冲突就会出现，因为不同的主体试图使用相同的实体或虚拟的**外部资源**。

还有一种冲突是由于两个或多个主体因不同观点而引发。这可能是由于知识、信仰偏见、经验、协议或思考及行为方式的差异所致。例如，如果两个机器人要搬运一个大件物体，并且它们的移动速度和高度都不同，就会出现冲突，必须予以解决。人类也会遇到此类冲突，比如搬家工人将家具抬上楼。这些都属于**内在冲突**。这些冲突的出现是由于个体之间（甚至是个体内部）的差异所致。

从设计的角度来看，冲突管理有三种基本策略：回避、探测和解决。如果协作机器人系统（协作机器人、人类、环境）的设计师可以预见所有可能发生的冲突，则可以通过在冲突情境培训中反复呈现，将这些冲突明确体现在一组规则中，或者隐式体现在深度学习系统中。然而，过度设计某种情境以减少冲突也会产生负面后果。正如伊斯特布鲁克（Easterbrook）所言，“冲突不仅存在于社会中，而且存在于个人与企业的内部和之间，但冲突有益于促进变革和制定出更高质量的群体决策。”[1]

---

[1] 伊斯特布鲁克（Easterbrook, S.）（1991）。“通过计算机辅助协商来处理领域描述之间的冲突”（*Handling conflict between domain descriptions with computer-supported negotiation.*）。《知识获取》（*Knowledge acquisition*），3（3）：255–289。

为实现完全可预测的互动，协作机器人和任何监督系统都需要识别和解决冲突的机制。有许多用于解决冲突的策略，其中大多数涉及理解冲突产生的原因以及目标和观点有何不同。解决冲突需要建立信任和评估共识（所有参与者都拥有的共同知识和信念）。

克莱因（Klein）等人认为，要实现协作或共同活动，就要求每个智能个体必须同意共同协作。智能个体之间必须彼此可预测，彼此响应，共同协作，保持共识。这些可以让团队“促进协调，朝着共同的目标努力，并避免破坏团队协调”，从而构建信任基础。信任是通过长期合作而建立，但是人类能根据与他人的短期互动而迅速构建和重建可信度判断。

要将协作机器人视为团队成员，管理其行为的策略和累积的数据必须透明，并且可以被其他团队成员快速理解。同样，当他们在团队中工作时，协作机器人必须确保其他人可以轻松预测，并在必要时调整协作机器人的行为。

在成功的人类团队中，成员重视并保护彼此的隐私，并相互监督。如果团队中有协作机器人，而团队成员的言行违反了企业策略，那么机器人是否应该向管理层汇报？这是一个具有挑战性的伦理问题，针对协作机器人的行为制定政策绝非易事。电子邮件也存在类似的争议，反映出一些重要的问题。公司服务器上的所有电子邮件均归公司合法拥有。公司可以主动分析电子邮件，以了解员工是否情绪不佳（易对他人造成不良影响），是否违反公司政策谈恋爱，或者是否有违背道德的行为。但是，大多数公司都不会这样做，因为它们都尊重电子邮件的隐私。

与协作机器人一起工作的员工隐私需要得到保证，协作机器人不会记录他们的每一个动作和话语，这样数据就可以被保密，除非有一个非同寻常的和令人信服的法律理由来进行分析和披露。在外科手术室内详细记录手术操作细节非常有用，但如果让协作机器人这样做可能就会影响人类医务人员的行为。协作机器人系统并不是严格的硬件和软件实现。协作机器人的角色和目标必须与伦理交互的社会预期保持一致。

协作机器人设计指南

协作机器人可被视为决策实体，通过预测和自动化进行操作，但受到与实体环境和社会环境交互的制约。除了不在本书讨论范围内的体能要求外，与人类协同工作的协作机器人应该具备以下功能：

1. 整合数据：整合通过扫描环境（多个感觉模态）接收的数据：

（1）识别环境中的活跃参与者和其他可移动物体。

（2）感知参与者的状态和意图，包括能够识别帮助请求，按照指示照顾环境中的某物或某人，并根据人类指示来修改其行为或目标。

（3）感知数据异常的模式，认识到异常情况，并做出相应的反应。

2. 构建模型：构建匹配团队目标的环境模型。协作机器人必须能够构建、维护和修改其当前实体环境和社会环境的模型。要在社会和实体空间中正常运行，机器人需要对人类在特定背景下承担的多层角色进行分类。这与人类的会话角色有关，但还需要解决对人类活动进行分类以确定人类在任务中的角色的挑战难题（例如，不断变化的环境情况要求决策者掌握不同的技能，因此团队的决策角色可能会在人类专家中来回切换）。

3. 应用策略：应用策略以规范其自身行为并解决冲突。值得注意的是，随着协作机器人的自主性不断增强，它们的行为也将越来越难以预测。策略可以通过限制和管理机器人行动来恢复部分可预测性。根据策略要求，协作机器人必须能够动态监测可能的故障，并制订计划以避免故障，同时维护团队的整体目标。

4. 完成任务：通过将实体环境和社会环境的模型与（由设计者、整合者和监督者所定义的）政策和目标进行整合（或融合）来完成任务。包括能够通过以下方式顺利完成目标并能接受人类和其他协作机器人的（重复）指导：

（1）行动和对话轮次交替和活动管理：协作机器人必须知道何时轮到自己做动作，或者何时可以中断正在进行的对话。

（2）注意管理和共同注意：协作机器人必须能够确定其他人正在参加的活动，并且必须能够在必要时引导其他人的注意力。例如，自动驾驶汽车应该能够引导驾驶员的注意以避开路面障碍；搜救机器人应该能够将团队的注意力引向需要帮助的幸存者或队友。

（3）目标导向的行动：协作机器人必须能够在实体环境中（通过操纵和移动）或间接通过数据和采用人类的交流方式（手势、文字、语音）来实施行动，其中包括与其他机器人和人类进行互动以完成任务目标和团队建设目标。例如，在工厂环境中，机器人的某些行动可能是将产品组件从某处搬运到另一处，某些行动可能是机器人偶遇人类后进行社交问候。社交问候有助于让人们建立对机器人功能的信任，意识到机器人作为团队成员在执行特定任务，并且还传递特定消息。

（4）任务完成：协作机器人应在预期的时间和有限的资源内完成任务，或在可能发生延期或故障时提示利益相关者。

可见，一个成功的协作机器人系统（协作机器人、环境、人员、策略和目标）不仅包括机械和软件构造。分析和优化协作机器人系统就像分析和优化多个智能生物交互的工作环境。必须密切关注以下团队动态和活动：

- 团队创造的价值对象是什么（如文档、实践、交易、实物等）？
- 谁是这种价值创造的利益相关者（不仅包括团队）？谁掌控权力？谁被视为团队成员，谁不是？
- 活动如何在参与者之间进行分配，如果出现冲突时会发生什么？
- 团队的活动和目标需要哪些工具和规范，由谁来管控？
- 指导目标设定、任务管理和冲突解决的规则是什么？信任是如何维护或修复的？

通过对计算机和网络运营中心的事件响应团队的分析，布朗（Brown）、格林斯潘和比德尔（Biddle）发现，团队的角色和组成具有流动性——不同的成员会在不同的时间加入团队，并且可能属于多个团队。此外，他们的角色定义可能会随着团队的发展而改变。经过不断发展，协作机器人现在能帮助人类实施复杂运营。除此之外，它们还应该能够发展组织流动性。

归纳与总结

在本章的开头，我们研究了协作机器人在搜救、外科手术和仓库操作等领域应用时可能带来的好处。此外，我们还探讨了可能削弱这些好处的技术、组织和道德等方面的挑战。例如，置于患者上方的大型远程控制手术机器人将改变甚至削弱外科医生和手术团队之间的社会和实体关系。

随后，我们探讨了协作的意义，并引入五个层级的协作模型：

1. 非智能工具
2. 人类指导的交互工具
3. 部分或有条件的人机协作
4. 高度协作
5. 机器人主导的管理与协调

现在，许多机器人和自动化软件都是“人类指导的交互工具”或者“部分或有条件的协作”。我们即将迎来人类和机器人之间的高度协作。即使在今天，半自动汽车和喷气式飞机也会在没有人工干预的情况下做出即时决定，绘制海底地图的机器人船也会自行制定执行任务的策略和战术。为了实现更高水平的协作，我们必须制造能够加入团队开展协作的机器人。虽然这些协作机器人不可能完全实现人性化，但它们将必然超越简单工具的范畴。

于是，我们开始思考团队协作到底需要什么；需要具备哪些社会和认知能力？机器人如何解决团队合作中出现的冲突？

为回答这些问题，我们总结了有关社会协作和团队合作的研究，并提供了协作机器人系统的设计指南，其中包括人机交互中的人类学问题。

现在，越来越多的科学和非科学文献开始探讨机器人的危险性，预测机器人将接管我们的工作，成为我们的主人，或者将彻底改变工作场所，让人类主动模仿机器人才能实现人机共存。

人类与（不断进化的）协作机器人之间存在的差异，部分是生物与工程上的结构差异，部分是社会建构上的差异。随着协作机器人融入我们的劳动力，我们的期望、偏见和愿望将决定人机关系，这与人机之间的物理差异同等重要。我们的设计、开发和应用应该基于明确的目标和社会考虑，而不仅仅是效率和低成本的市场压力。

第五章
无臂机器人

我们期待着美好的未来，随着越来越多的传感器和执行器连接到物联网（IoT）世界，更多的事物变得智能。更多的软件机器人和实体机器人被研发出来，逐步应用到家庭和工作场所中，智能灯具、门锁、空调和厨具也逐步成为采集数据和实施行动的来源。软件机器人正在变得越来越智能，可以通过机器人流程自动化或使用能够进行双向对话的聊天机器人来管理流程自动化，正如我们在第四章“团队中的机器人”中所述。实体机器人目前正用于供应链、仓库和货物交付。这些已经在前面章节中讨论过。在本章中，我们将研究机器人在当前和未来对社会的影响以及自动化的两种特殊情况：智能建筑和自动驾驶汽车（或称无人驾驶汽车）。本章将重点介绍这两种情况，让我们将其形象地描述为“无臂机器人”。

智能建筑和自动驾驶汽车可以称为机器人吗？它们能对用户需求自动响应，但它们不会在某种环境中收集物品或实施操作。智能扫地机器人可以在所处环境中移动，并从地板上收集物品。仓库机器人使用各种滚棒、机械臂和其他操纵器将物品移入和移出仓库。而智能建筑是静止不动的，用户自己进入或者离开大楼。自动驾驶车辆可以运送乘客或货物，但是乘客或货物不是由车辆本身收集，而是自行进入或由第三方装置放入。机器人一词有时被用来描述一种与社会结合的技术，它支持人类的活动，但不受用户的控制。无臂机器人一词是专指智能建筑和自动驾驶汽车等设备作为机器人的特殊情况，具有对工作和社会的独特挑战和价值。

运输车辆无处不在，是现代社会的普遍需求。自动驾驶汽车可被归类为特殊情况，因为它们通过各种车载传感器来运载货物或乘客并满足社会的基本需求。货物可用卡车运送，人员可乘坐汽车或公共交通工具，但是运输工具的使用存在法律和社会层面的局限性。目前，用户必须步行到公交车站才能乘车到目的地。车辆驾驶考试要求，驾驶汽车的人必须超过一定年龄并且有能力驾驶。老年人可能会因为不具备驾驶能力而无法拥有自己的爱车。本书的一位作者曾建议他的一位年长的亲戚放弃驾驶。而这位年长的亲戚非常生气，他认为驾驶和拥有汽车对老年人的独立和福祉至关重要。自动驾驶汽车无须人工干预即可运输货物或乘客，预计将对企业和个人用户产生积极影响。送货司机和卡车司机的未来命运将在本章后面讨论。

物联网正在帮助提升商业和公共建筑的智能化，将照明和空气质量等因素整合到建筑中，并能够根据个人需求来定制环境。这种定制可以自动调节照明等级，以方便有视觉障碍的工人；或增加区域的湿度，以方便患有湿疹的工人。目前只有少部分的建筑能够实现这种级别的定制和整合，而且通常都是为特定目的而建造，但此类建筑正在逐渐增加。智能建筑是机器人吗？它们拥有自主权，可以用参数改变内部环境，但它们不会移动。它们以人为本，目的是让用户生活得更好。智能建筑也正在大量开发和部署，以改善商业建筑和公共建筑用户的工作生活。智能技术针对家庭场景使用时需要考虑业主的需求和要求，目前仍是零星使用。个人选择会影响智能家居技术的使用，不太可能达成统一的智能技术整合规模和方向，因此不属于本书讨论范围。

智能建筑

许多企业一直在努力使他们的建筑物成为更好的工作场所，提高照明和取暖效率。这导致建筑行业具备了乐观情绪，智能建筑市场增长率达到 30%，全球营业收入从 2016 年的 85 亿美元增长到 2022 年的约 580 亿美元[1]。我们尚

---

[1] “蓝色未来：智能建筑的未来”（*Blue Future: The Future of Smart buildings*），https://medium.com/@BlueFuture/the-future-of-smart-buildings-top-industry-trends-7ae1afdcce78［于 2020 年 4 月 13 日访问］

不清楚这些增长额是包括现有建筑物的改造还是仅包括新建筑物。但显而易见的是，商用和家用建筑市场的炒作力度都很大。公司的宣传手册正在对其公司建筑物提出更高要求。从电视广告中，我们能看到门铃摄像头、家庭控制应用程序和取暖控制。这两个市场具有一个共同特征，就是可以通过整合技术来管理入口和控制台，从而将所有系统相互连接，形成完整统一的系统。智能建筑拥有很多优秀的特性，是一项不错的投资。

有趣的是，在高德纳公司（Gartner）发布的 2018 年新兴技术成熟度曲线中，智能工作空间几乎处于“期望膨胀期”的顶端。在 2019 年新兴技术成熟度曲线中，智能工作空间已经踪迹全无。2019 年新兴技术趋势说明的最后对这种差异现象进行了解释。这似乎表明了高德纳公司决定重新关注在以前版本的技术成熟度曲线中没有出现过的新兴技术趋势，并删除那些仍然重要但已经出现多年的趋势。其中有些趋势与其说是趋势，不如说是在技术成熟度曲线上的“钉子户”，影响人们了解更多的全新动态趋势。还有一种可能，就是某些趋势因被不断发展的世界所淘汰而消失。

智能建筑的优势

我们将在本节讨论智能建筑的诸多优势，包括提高建筑效率，改善照明、空气质量以及温度和湿度。使用智能建筑的优势在于它们有潜力改善办公室员工或公共建筑访客的工作生活，降低能耗并提高建筑效率，提高生产效率，以及更好地利用资源。那些具有特定用途的智能建筑可以直接实现这些优势，而那些需要用智能建筑技术改造的旧建筑可能永远也无法实现智能建筑的全部优势。原因有很多，例如，老旧建筑物的窗户少，基础设施通风不良，隔墙或内墙位置差等。

提高建筑效率

许多企业将建筑效率视为智能建筑应用的主要吸引力之一。关于智能建筑效率的主张很多，而其主要优势是能够降低能源消耗。减少能源消耗是有吸引力的，因为可以节约成本和改善温室气体质量。新建筑在出售时可利用成本节约这一优势。良好的照明、空调和空气质量是提高效率的三大要素，可以让员工保持积极心态，并且可以降低自有或租赁建筑物的成本。改善照明和取暖效率对于居住者的影响最明显，可以节约居住成本和带来实际利益。诸如空气质量之类的环境因素也可能对建筑物的居住者及其健康产生重大影响，改善这些因素甚至可以缓解同事之间的紧张关系。

照明

高质量地照明和良好控制的自然采光对员工而言非常重要，尤其是那些在计算机屏幕或显示器上长时间工作的员工。尽管不良照明对计算机用户造成损害的谣言已经被揭穿，根据乌特 · J.M. 范波莫（Wout J.M. van Bommel）的一项研究，良好的照明可以缓解眼睛疲劳并改善眼睛健康。例如，与不使用屏幕的用户相比，屏幕用户眨眼的次数往往更少，这可能会导致眼睛酸胀和刺痛。建议用户每隔一段时间将视线从屏幕上移开，以避免眼睛疲劳。范波莫通过研究，发现在照明良好的环境中工作会将所有这些影响降至最低。

当然，某些管控自然光的尝试也产生了可笑的结果。英国达切特市（Datchet）有一栋建筑，建筑商最初宣传，这是一栋智能建筑，配备由计算机和屋顶上的传感器控制的百叶窗。大约 20 年前，这栋建筑迎来了第一批员工，他们注意到窗户上的百叶要么全部朝下，要么全部半开朝下，要么全部朝上。百叶的位置和建筑物的朝向使得一部分员工处于明亮的阳光下，而大多数员工则位于背阴处。不管外部照明亮度是多少，百叶都是一致移动的。员工对此进行了咨询，了解到建筑师在设计这栋建筑时考虑如果百叶都处于同一水平会达到更好的外观效果。这充分证明了如果忽视员工的舒适度和福利，则很难实现良好的照明管理。建筑师针对此问题加以改进，百叶窗可以单独调节，从而让每位员工都能获得最佳光照，并最大限度地减少了员工之间的争论。

智能建筑的另一个考虑因素是针对只需偶尔照明的危险区域的照明控制。那些用于存放环境管控设备的机房只有在人员进入时才需要照明；这可以通过人员进入时触发运动感应灯来实现。只要机房内的人员继续移动，灯就会一直亮着。但是，我们很多人都体验过运动感应灯，只要我们站着不动，比如正在观察仪表，这种感应灯就会熄灭。真正智能的建筑应该能知道人员何时进入房间，监视他们在房间中的活动以及何时离开房间，并且保证合理的照明时间，不会让房间内的人员在工作的关键时候突然陷入黑暗而不得不连蹦带跳地激活感应灯。我在 20 世纪 90 年代工作的办公楼是这项技术的早期采用者。办公楼内的照明由运动传感器控制，在工作日一直启用。但是，办公室正好位于建筑物的中部位置，没有自然光，而办公室的照明仅由运动传感器控制。平时，只要我关上门，坐在桌前打电话，房间就会立刻陷入黑暗，我不得不跳起来手舞足蹈地开灯。人们在上厕所时也遇到过类似情况。

空气质量

病态建筑综合征（SBS）是一种疑难杂症，员工往往在工作场所而非家中患病。可能出现的症状包括头痛、鼻塞或流鼻涕、皮肤干痒和眼睛酸痛。许多卫生监管机构都发表了关于病态建筑综合征的笔记和论文，一致认为建筑物内部的人员很容易罹患这种病症，但是检测建筑内部环境时却没有发现明显问题。建筑本身并没有明显的问题，但有许多环境因素都是怀疑对象。尽管已经进行了空气污染的实验，但办公室内 20 年都没有清洁过的地毯污染了室内环境。

在病态建筑中，并没有明确的因果关系。

病态建筑综合征的症状是多种多样的。有时很难将病态建筑综合征的症状与其他疾病的症状区分开，例如，头痛可能是患有病态建筑综合征的居住者的症状，或者是因为长时间盯着屏幕没有休息而导致眼睛疲劳的症状。可通过减少连续筛查时间并让患者休息来改变患者的行为从而检测出头痛的相关病因。如果患者仍然头痛，则病因可能就是病态建筑综合征。这种诊断方式可用于评估其他症状。

空气质量是影响建筑物效率的重要因素，而智能建筑可以保证良好的空气质量。灰尘、氡和真菌都可能导致空气质量下降。传感器可以检测到这些环境污染。但是，将传感器置于头部高度可以检测呼吸空气的质量。要是不移动传感器，地板和房间角落的灰尘就无法检测到。传感器的位置是空气质量检测准确性的重要因素。

如图 5-1 所示，在开放式办公室中，整个空间中的灯具和空调管道间隔均匀，使该空间中的照明和空调保持平衡。

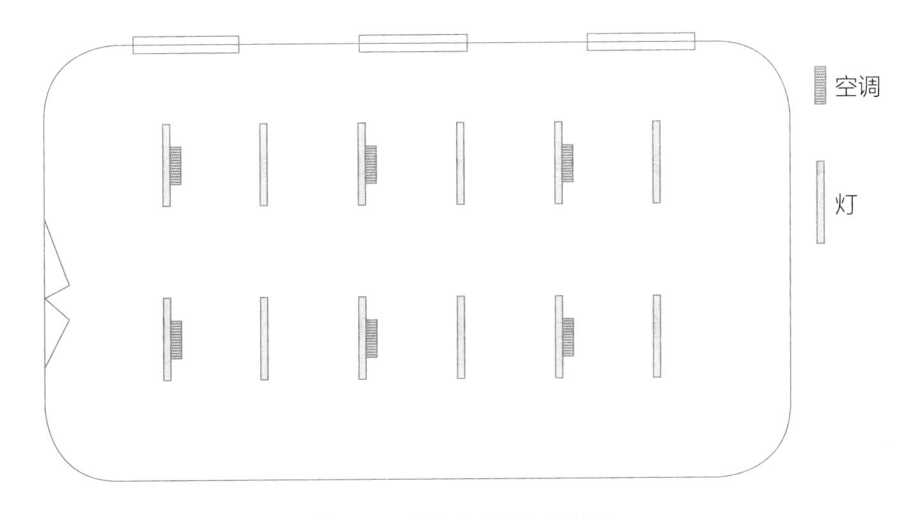

图 5-1　开放式建筑初始布局

一旦新主人开始为办公室建造隔墙，这种平衡就会消失，如图 5-2 所示。

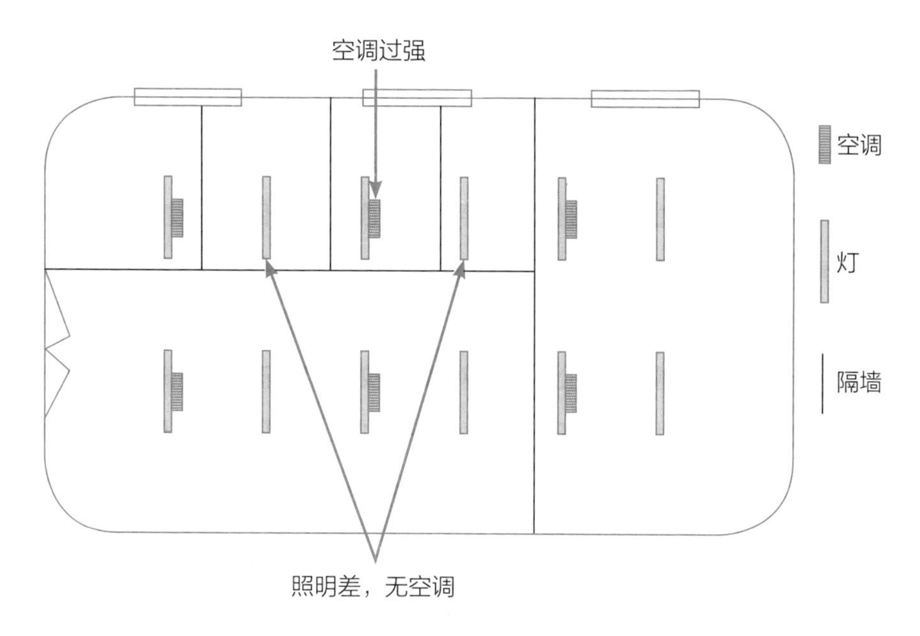

图 5-2　设置隔墙后的开放式办公区

图 5-1 中提出了一个平衡布局的概念，即相关设施应该如何合理布置。如果新主人希望通过设置隔墙来改变空间，他们经常会给出模棱两可的指示，例如，只要房间有光照就行，而不管灯是在房间的边缘还是在中间，这样可能就会导致图 5-2 所示的不理想状态。作者对此有亲身经历。在伦敦工作时，办公区设置了隔墙，将照明灯分成两半，其中一个办公室控制开关灯。当灯关闭时，无法控制开关灯的办公室的职员就会大喊大叫，满腹怨气地跑到隔壁来重新开灯。而空调的问题更严重，一间办公室没有空调，而另一间办公室则具有两倍于标准的冷热风量。在极端温度下工作，可能会引起员工之间非常激烈的争吵。人们希望新建的智能建筑能精心设计，设置隔墙的办公室和房间应符合适宜的空调和照明要求，并配置相关传感器对空间进行监控。使用隔墙来改造建筑的难度较大，但如果改进环境传感器，那么即使条件较差的办公室也能实现一定程度的平衡。办公室中的传感器如果检测到室内暖气不足或者无暖气，就会向环境控制人员指示需要额外的暖气，并且员工可以通过监视该房间的状况制定策略。

温度和湿度

温度和湿度与空气质量一样，都是影响整体环境的重要因素。在前文引用的环境保护署的论文指出，办公建筑中的温度应保持在 23 摄氏度以下，以避免病态建筑综合征增加。许多国家的健康和安全法规都规定了办公室的最低工作温度而非最高温度。湿度等级也会引发病态建筑综合征的症状，例如在干燥炎热的环境会引起眼睛发痒（尽管也可能与使用屏幕有关）。极端的温度和湿度会引发更多人关注。当接近这些极端水平时，员工的生产率会下降。在某些气候温暖的地区，只允许打开窗户来进行空气调节，这样就无法为建筑或房间降温，几乎没有任何价值。智能建筑可以通过消除极端温度和湿度来提高生产率。

员工效率

前面提到的所有因素都可以提高员工的效率，尤其是员工的生产率。智能建筑能够控制照明和空气质量，从而提高生产率。环境保护署援引世界卫生组织于 1984 年发布的一份报告，声称世界上新建和改建的建筑中可能有 30% 都存在空气质量问题，可能会引发病态建筑综合征的症状。空气质量问题可能是由于糟糕的设计、错误地使用办公室或不恰当行为所致。自 1958 年起，大量类似的报告阐述了污染物对人体健康的影响，有的患者症状较轻（如咳嗽），而有的患者甚至因此死亡。这些报告探讨了室内污染、家居污染，以及其他环境影响因素。空气质量和其他环境因素的问题早已人尽皆知。这些环境因素之所以到现在仍然影响着居住者的健康而未得到真正解决，原因有很多，其中包括成本和可行性。但可以肯定的是，智能建筑可以对所有这些因素进行监控和管理，从而改善工作环境。通过对内部环境进行全面掌控和管理，可以改善建筑效率，这是一体化智能建筑的目标。

大多数企业都希望为员工提供最佳的工作环境，这也是一种具有成本效益的解决方案。一些企业在决策时可能会将成本因素置于首位，并得出结论认为在现有建筑物中改装传感器和其他环境控制装置是不值得的。这可能是由于他们的财务状况所限，但如果不进行一些必要投资，这些企业就无法改善因病态建筑综合征而导致的员工缺勤率并提升员工的生产效率。

提高生产效率

健康与幸福紧密相关。我们使用各种传感器来监测整体环境，表明我们对环境因素非常重视。修复故障灯将使环境恢复最佳状态，但不应影响其他环境因素，比如不能以牺牲空气质量为代价来修复照明。只有将智能建筑的各种优势结合起来，创造良好的整体环境，才可以提高生产效率并改善员工的健康状况。众多研究表明，员工福利是生产力的重要组成部分。这些生产力优势将通过改善工作环境来获得。员工士气是提高生产力的重要因素，并可能受到员工健康状况的影响。例如，出勤率低可能导致人员短缺，从而影响其他员工的士气。环境控制不力会造成不良的工作环境，并导致员工生产力下降。

低效的建筑设计和隔热会增加能源成本，并使工作环境恶化。能源成本也会受到天气影响。尽管在老旧建筑上应用智能建筑技术不会显著降低成本，但可以考虑实施此项技术。在某些情况下，安装传感器来监测二氧化碳（CO_2）浓度、湿度和温度可以降低能耗 40% 以上。智能建筑的另一大优势就是可以有效管理能耗，通过创造良好的工作环境可以提高员工生产力，减少能耗。

资源管理

员工技能是企业的重要资产。还有很多其他的有形资源和企业资产，例如建筑物、办公空间、办公设备和会议室等，它们的状况对用户都会产生影响。可以想象，如果你来到一个房间，却发现没有椅子；或者想使用一台复印机，却发现缺墨或无纸。这种事情会让人非常沮丧和恼火。作者以前经常为重要会议布置会场，总能发现一些让人抓狂的状况，比如视听（AV）设备的电缆接头丢失或与演示机器不兼容，视频会议设备被别人弄坏而无法使用等。将员工安置在不熟悉的楼层或建筑中，寻找一位员工可能需要花费大量时间并反复拨打电话。房间预订也可能存在问题。企业糟糕的资源状况会让员工泄气，从而降低生产力。而在智能建筑中，人们可以在预订房间之前查看会议室的信息，了解影音设备的状况。如果你对大楼布局不太熟悉，可以通过查询系统来找到房间位置，也可以找到员工的位置。所有这些解决方案构建了智能建筑管理系统。

我们在本节中多次提及“维护”。建筑在使用过程中会发生损耗。预防性维护是智能建筑的一个潜在特征。可使用数据分析来预测建筑物组件的故障，例如，频繁开启和关闭的门很可能会出现合页故障。智能建筑系统可以确定门可能出现的故障。智能建筑系统可以在门出现故障并影响空间使用之前就通知维护人员检查、订购备件和计划维修。想象一下，如果你在房间里的时候，门的合页失灵，会发生什么？你会被困住吗？如果合页失灵，人员会受到伤害吗？如果及时知道合页的潜在故障并进行预防性维护，就可以避免故障引发的后果。

智能建筑不仅可以管理和维护建筑环境，而且还能够整合环境数据、操作数据和资源数据，并提高员工的工作效率。“整合”是关键手段。

如前所述，员工可以在预订会议室之前检查房间和设备的状态。如果将员工的工作日志系统与房间预订系统整合在一起，则预订系统可以获取有关日期、时间和与会者的信息，员工无须查找各个系统。这样，预订系统可以掌握会议的详细信息，并且可以通过设备故障通知和维修请求与维护部门联系。智能建筑管理系统还可以完成许多其他任务，具有很大潜力，但仍然需要内外部控制相互结合才能实现。智能管理系统可能还需要某些技术予以支持，比如与机器人和自动驾驶车辆相关的“数据融合”技术。

智能建筑示例

作者有幸参观过一些具有集成智能建筑管理系统的建筑。叠拓（Tieto）公司芬兰总部大楼集成了该公司的“共情建筑技术”。这是芬兰的一座具有特定用途的智能建筑。叠拓公司在其网站上阐述了他们的目标：

- 提升幸福感
- 提高业绩
- 提供更佳体验

智能建筑的优势已在前文阐述，叠拓公司准备利用这些优势。智能建筑技术最重要的成果就是让人们体验幸福感。叠拓公司在其网站上发表文章，认为智能建筑将有助于“培养更积极和机敏的员工团队以及创建更佳的工作流程”。

叠拓公司的总部大楼拥有令人叹为观止的宏伟钢铁结构与玻璃幕墙。这座智能建筑运转良好，内部各种集成产品得以完美展示。该建筑整合了环境和运营信息资源，可创建和管理更完整的数据集，涵盖从供暖和照明到房间预订等各类因素。通过整合来自所有信息源的各类数据，将建筑物实现智能化管理。当我们进入叠拓公司大楼时，大厅里有一块巨型显示屏正在播报活动和访客情况。我们来到接待处，工作人员告诉我们主人距离接待处有多远，需要多长时间可以与我们会面。这样我们就可以喝杯咖啡放松一下。我们在接待处登记后，主人就会立即知晓我们已经到达并且知道我们的具体位置。我们佩戴好访客证，就可以进入电梯，随后我们就可以畅通无阻地进行参观，全身心地参加会议。在会议期间，我们查看了智能建筑的资料以及叠拓公司用于优化空间利用的辅助信息。如果某个区域或房间没有得到充分利用，他们会在数据资料中看到。这样，叠拓公司就可以有针对性地重新规划空间或更改大楼该部分的配置。所有这些信息都可以在该公司的应用程序上轻松获取，显示屏上可以显示出我们所在的会议室，谁在参加会议，会议主题是什么，以及使用了何种设备，令人叹为观止。这是一次非常有趣的会议，但最重要的是我们感到非常放松。还有一个很贴心的设计，那就是我们可以随时离开会议去洗手间或茶水间，而不必有人护送或凭借身份证件才能出入，这样我们就更容易集中精力参加会议。所有门都根据访客证的安全级别以及我们试图进入的区域安全级别自动响应。在会议结束时，我们无须他人护送就可以乘坐电梯，在退还访客证后离开大楼。后来，我们都对这种智能建筑给予好评，因为我们不仅可以集中精力轻松参与会议，而且不用耗费时间等待主人。

目前，越来越多的智能建筑和相关技术正在研发和推向市场。智能建筑在初期建设时的较高成本可以通过后期更好的能源管理和员工福祉所节约的成本来抵消。所有这些改进都是基于使用来自环境和运营技术的数据整合，这些数据可以带来前文所述的好处。

在未来，许多人都会受益于智能建筑。老旧建筑存在的一些问题需要通过使用建筑环境的综合方法来解决。病态建筑综合征是住户经常会遇到的问题，使用智能建筑环境控制将使建筑居住者受益。对企业来说也有很多好处，包括提高生产力和鼓舞员工士气等。除了环境效益之外，智能建筑通过整合内部系统（如预定、日志和其他支持程序等），增加了住户、建筑和企业之间的交互。建筑的自动化程度将增强，可以通过住户和建筑环境采集数据来做出决策，这将改善企业的各个方面。通过环境和居住条件的不断进步，智能建筑可以被视为一种“无臂机器人”。

自动驾驶汽车

自动驾驶汽车涉及技术、人机交互以及对社会的影响等诸多方面。媒体对该项技术给予密切关注，经常大肆宣传这项技术的成功和失败案例。此外，还有许多与之相关的文章和论文，记录了自动驾驶汽车的安全性进展、优缺点以及普及应用的日程表。本章将从个人和商业的自动化解决方案对就业（特别是未来工作）所造成影响的角度来探讨自动驾驶汽车。值得注意的是，自动驾驶汽车领域的发展速度迅猛，只需几个月就能取得重大进展，而无须耗费数年时间。如果自动驾驶汽车像 2020 年电动汽车和混合动力汽车那样普及，其社会影响将变得更加明显。

全自动驾驶汽车能够根据各种信息源做出决策，这些来源包括红外传感器、激光雷达、雷达、GPS、摄像头、环境地图，交通公共设施以及其他数据源。自动驾驶汽车在设定目的地后即可自由行驶而无须人工干预，并且可以与外界进行通信和协作。在行驶过程中无须人类参与指导。在信息源网站“Which”上，可以查看美国高速公路安全管理局（NHTSA）的文件，其中有一个基于类似层级的车辆自动化层级表。通过该表，我们可以了解自动驾驶汽车解决方案的当前状况。此外，NHSTA 文件还概述了相关的安全性和法规。

表 5-1 显示了当前自动驾驶汽车的大致状况，尽管有些制造商可能会声称它们的产品在自动化领域中具有更高定位。《纽约时报》（*New York Times*）中的一篇文章指出，许多制造商的自动驾驶汽车项目进展情况不如最初预期的快。人们认为自动驾驶汽车应该实现其自身价值，提高自身安全性并能辅助医疗应急援助。《卫报》（*The Guardian*）的一篇文章中讲述了一个类似案例。在这个案例中，司机突发急病，于是他打开了自动驾驶仪，随后车辆开到医院附近，在几分钟之内，汽车就被引导到急诊室入口。可以推断出这辆车约为 3 级自动化，即“有条件地辅助驾驶”，因为驾驶员仍然需要定期触摸方向盘，以防止自动驾驶仪将车导航到路边停下。这篇文章还列举了自动驾驶汽车出现故障而导致车祸甚至死亡的案例。事实上，自动驾驶汽车目前仍处于开发和部署的早期阶段。相关领域如法律、保险和监管等领域也有待完善。这些因素对未来工作都会造成重要影响，同样，我们现在也没有充分认识到它们对于就业形势的潜在影响。

表 5-1　车辆自动化层级

层级	含义	描述	状态
L0	没有自动化	道路上大多数车辆都处于这一层级	无处不在
L1	驾驶员协助	具有一定的自主权，但需要乘客控制，例如巡航控制或车道辅助	已经应用 20 多年
L2	部分辅助驾驶	驾驶员知晓并能够完全控制。驾驶时增加车辆自主控制，例如交通感知巡航控制	仍是较新的领域
L3	有条件的辅助驾驶	需要驾驶员，车辆可执行多种任务，但是驾驶员必须随时准备在必要时接管驾驶	有些车辆符合条件
L4	高度自动化	一旦车辆处于适宜环境中，驾驶员可以切换自动驾驶以进行放松，例如在高速公路上行驶	现在无法实现，除非在实验区
L5	完全自动化	无须任何外部控制，转向或刹车。无须人工干预，也不需要配备司机	现在无法实现，除非在实验区

挑战与成功

尽管自动驾驶汽车成为一种正常的交通方式仍面临许多挑战，但也取得了许多成功进展。本书不会详细探讨如果汽车开往医院途中发生车祸而引发的潜在的保险和法律问题。

车辆内部数据存储的城市地图可以为自动驾驶车辆提供导航，留意常见障碍物、红灯和公共设施。有些地图还可以通过不断更新，添加更多的临时障碍物、停放车辆、抛锚车辆或道路上的垃圾。这可以通过自动驾驶汽车的通信和共享信息来实现。通过更好地了解驾驶状况，可以提高车辆驾驶的安全性。绘图技术与来自车辆和环境的传感器输入相结合，彰显了数据融合的重要性（请参阅第七章“社会中的机器人”）。尽管完全自动驾驶汽车无须驾驶员辅助，但车辆本身必须将不同的数据融合到其整体环境中，以避免事故并成功驾驶。

L5 级全自动驾驶汽车所引发的伦理问题的挑战性丝毫不亚于在复杂环境中成功导航。大多数人都会同意，如果有行人在道路上，车辆应尽可能避开行人，如果无法避开，车辆应停车。这是理所当然的。那么，我们来思考一个有趣的问题：如果挡在路上的是劫车罪犯，那么在这种情况下应该怎么办？大多数人会选择主动避让，而不会开车撞向拦车者。另一个难题就是著名的“电车难题”。一篇名为“自动驾驶汽车面临的社会困境”的论文从自动驾驶汽车的角度对此问题进行了探讨。如果一辆自动驾驶汽车在道路上检测到六名行人，而且无法及时停车，那么它是否应该紧急转向来避开他们，即使这种转向会撞死路边的一名行人？更进一步，车辆是否应该撞向路边的墙壁，以拯救路上的行人，但车内乘员会因此丧生？这些伦理道德问题很难解决，即使让司机抛硬币也很难做出决策。研究表明，如果无法避开行人，许多人会选择撞向较少的行人以减少伤亡，但不愿开车撞墙，以牺牲自我为代价来拯救行人。

随着未来 L5 级自动化的实现，自动驾驶汽车也将成功普及。改善安全性，减少停车要求以及减少道路上的车辆数量将改善环境污染和道路拥堵，提升人们的幸福感。但是，安全性也可能被认为是实现车辆完全自动驾驶的主要障碍。孩子们从小就学习道路安全知识，通常侧重于提高对交通状况的认识和避免事故。随着孩子们的成长并学习驾驶汽车，他们将学习到行车安全知识，并从行人的角度认识风险。

使用手机的习惯会对交通状况造成影响。随着手机用户的日益增多，因手机分神而遭遇车祸的行人数量也在不断增加。本来司机就可能会受到外界因素干扰而分神，而现在很多行人又盯着手机漫不经心地过马路，这样就会导致更多的车祸事故发生。自动驾驶汽车消除了司机在旅途（尤其是长途旅行）中可能出现的疲劳或走神，提高了道路安全性。在某些具有 L2 级自动化的车辆中安装的车道管理技术已经解决了因疲劳驾驶而导致车道漂移的问题。

由于驾驶习惯和交通状况的变化，预计未来道路上的车辆会减少。全自动驾驶车辆将整合内部数据并与公共设施、交通信号灯、交通标志和其他车辆的数据进行融合，也因此改善了交通流量。这种融合数据可以使自动驾驶车辆的行驶间距比常规车辆更近。此外，车辆可以收集来自附近、前方、后方和侧方的其他自动驾驶车辆的融合数据。制动、转向或车道变化的内部数据可以与外部数据融合，并且可以通过计算机进行管理，从而消除人为错误和人类反应时间等影响因素。车辆将获得足够的信息来加入交通流，可以在不干扰其他车辆的前提下保持交通密度。

对社会的影响

私家车在许多人心中占据着特殊的地位。本书的一位作者的年长的亲戚曾经表述过老年人对于拥有和驾驶私家车的渴望，即使到 80 岁也不会改变这种初衷。用一个词来总结，就是“独立”。没有汽车，他们需要依赖他人才能外出购物、旅行和走亲访友。乘坐公共交通工具不方便，会延长旅行时间，根本无法与驾驶私家车的独立自由相提并论。由于亲情关系，该作者很难说服其亲戚放弃拥有私家车。而全自动车辆则可能帮助解决这一问题。年龄和驾驶技术将不再成为驾车旅行的障碍。自动驾驶车辆中只有乘客而无须司机。原来因为视力或其他问题被禁止驾驶的老年人现在又可以驾车出行了。乘客身体机能的缺陷将不再被视为旅行的障碍。最高层级的驾驶自动化将消除乘坐者的部分（如果不是全部）责任。

大多数用户将来如何与自动驾驶汽车互动呢？我们来看以下几种场景。场景一：车辆用户的行为没有任何变化。他们拥有自己的车辆，并以传统驾车方式来使用自动驾驶车辆。从长远来看，这样会出现一些财务和社会问题（后面“私家车”一节将对此阐述），因此场景一是不可能发生的。场景二：新技术改变了用户的态度。用户可以选择在自动驾驶汽车上工作，这样就不用加班完成任务。即使是最乐观的上班族，在拥挤喧闹的通勤车中也将无法好好工作，但是在自动驾驶汽车的相对安静的环境中，他们就可以专心工作。他们可以利用通勤时间来完成工作，可以一直拥有自己的车辆。场景三：新技术导致用户的工作和所有权的态度变化。使用共享自动驾驶汽车可以降低成本，并可减少道路汽车数量，从而减少交通拥堵。除了自动驾驶车辆对乘客的价值以外，自动驾驶车辆还应该考虑到人们对于私家车的专有需求。在本章中，我们将重点探讨最具革新精神的场景三。此外，还可能出现多种场景混合的情况。而从长远来看，则不太可能发生没有任何行为变化的场景。

私家车

对个人而言，拥有自动驾驶汽车需要付出高昂成本。用户除了要支付和传统车辆一样高的运行成本以外，还需要支付更新软件和数据存储以及电源和维护需求等方面的额外费用。传统车辆只要上路行驶就会费钱，因此私家车的利用率很低，约为 4%。在城市中，如果供应数量充足，共享汽车将具有很大吸引力。共享自动驾驶汽车将进一步降低通勤和购物的成本。瑞银（UBS）等机构的策略师和分析师们预测，将来每辆共享自动驾驶汽车可以取代 25 辆私家车。而每辆网约车可以取代 5~10 辆私家车。优步（Uber）已经在大城市提供共享汽车服务。目前很多大城市都提供基于热布卡（Zipcar）模型的共享汽车服务。热布卡共享汽车与共享自动驾驶汽车是非常类似的服务，主要区别在于，自动驾驶汽车无须人类干预，可以从公园行驶到客户公司；热布卡汽车则需要司机开车到他们指定的停车场。共享汽车与网约车可以减少上路车辆、减少尾气排放并且减少对环境的不良影响，因此将受到个人和政府的欢迎与支持。

未来的通勤将有所不同。自动驾驶汽车把乘客从家中送到火车站或办公室，然后马上离开去执行新任务；而其他的自动驾驶汽车在忙着送孩子上学和载人购物。这些汽车无须修建大面积的停车场。

图 5-3 展示了使用共享汽车和网约车的潜在模型，共享池中的车辆可以满足用户的预定常规要求，并且可以在设定时间内准时到达。如果乘客在共享汽车预约时间范围以外有行车要求，也可以选择网约车服务，但需要提前约车。值得注意的是，该模型在城市环境中最有效；农村地区则由于人口密度低而很难推广，尽管并非所有城市地区都给予同样的支持。硅谷针对自动驾驶汽车实施了大量开发和测试，提供了高精度的道路测绘图。美国其他地区和其他国家的开发和测试区域较少，因此也缺乏高精度地图。

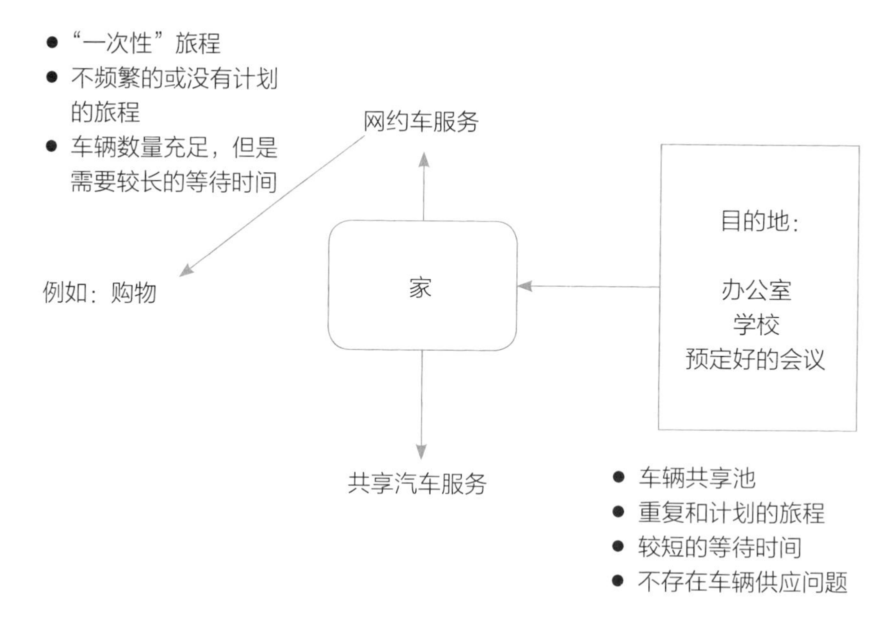

图 5-3　网约车和共享汽车策略

私人自动驾驶汽车将改变个人工作方式。人们在自动驾驶汽车行驶途中可以安心工作而不用担心安全问题。乘客可以阅读、打字，与同事通话，甚至可以通过车载互联网参加电话会议，确保长途通勤不再浪费时间。如果乘客患有晕车，则会影响旅程质量。阅读常被认为是晕车的原因，而在自动驾驶汽车中工作可能就会造成晕车。

自动驾驶汽车将大幅减少人类驾驶员，汽车销量也将大幅削减。随着汽车需求的减少，许多家用汽车制造公司也将面临生存危机。汽车行业的就业将遭受严重冲击，并且随着自动驾驶汽车的普及而日趋严峻。甚至服务中心雇用的计算机工程师都比加油站老板多。个人汽车行业遭受的冲击不会像运输和交付行业那样直观和痛苦。

商用车

在未来若干年里，自动驾驶汽车将对世界各地的社会和经济生活造成大规模冲击。货运和载客的自动驾驶汽车将创造新的工作方式并且减少员工。在大多数城市，许多持有驾照的出租车司机正在被优步和来福车（Lyft）等公司引领的工作规范和商业模式抢夺饭碗。即使这两家公司开创了全新的工作模式，拥有高精度的道路测绘图、先进的约车技术和合理的定价，也无法与自动驾驶出租车竞争。对网约车公司和客户来说，自动驾驶出租车更安全，更具成本效益，连唯一的中介者驾驶员也不需要。而这对驾驶员来说也并非世界末日。为了彰显主人身份，高档轿车仍会聘用人类司机。送货司机对于第一英里和最后一英里运送也有潜在的需求。如果你考虑采用如图 5-4 所示的供应链，货物就可以在很短距离内被运送到仓库，然后被装到货运自动驾驶汽车上。与小镇和乡村道路相比，城市之间的高速公路更便于自动驾驶汽车行驶，而且意外情况和道路障碍也要少得多。

货物需要从制造商运送到配送中心，称为“第一英里仓库”。此运输过程可以通过无人或有人驾驶汽车来完成。在仓库中，货物被装载到自动驾驶汽车上，而自动驾驶汽车只需要简单的地图即可将其运送到高速公路上。

然后，这辆车将在没有司机的情况下行驶更长的距离，在所谓的“最后一英里”仓库卸货。货物可以由机器人卸载，然后装到可能配有监督驾驶员的较小车辆上。最后一英里运送的重要性在于，这一过程往往在整个运送过程中占据最高成本，尤其是在污染方面。使用电动和有监督的自动驾驶汽车，可能会

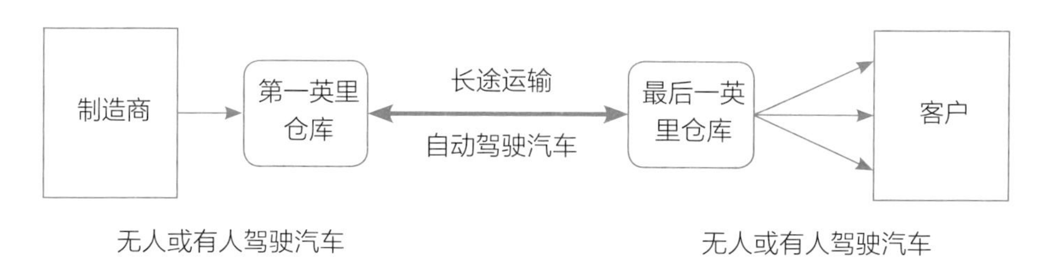

图 5-4 最后一英里运送策略

增加对本地送货司机的需求。本地送货可以避免长途司机出现许多健康问题。对本地送货需求的增加可能会减少自动化对卡车司机就业的影响。

随着许多领先的卡车制造商研发出自动驾驶车辆，用自动驾驶车辆替代卡车司机的策略正在逐步实施。卡车运输行业已经做好准备，迎接自动化浪潮来袭。目前，能满足现有工作需求的司机严重短缺，而正在从业的司机也由于工作性质、精神压力和长时间离家等原因而患有严重的身心疾病。卡车司机们逐渐意识到自己的工作将被取代。随着越来越多的卡车司机失业，一些评论员认为劳资纠纷甚至骚乱都将出现。其他评论员则认为，需要对失业的卡车司机进行再培训，让他们学习新的行业知识或自动驾驶汽车的技术。自动驾驶汽车将配置许多传感器、雷达、激光雷达和其他技术、车载计算机和通信设备；所有这些设备都将接受 24 小时或 48 小时不间断的严格驾驶测试。自动驾驶卡车的维护将比制动器、照明灯和传动系统更为复杂。

如前所述，低薪重复性工作的自动化实施过程会创造许多新的工作岗位，商用车领域既是如此。卡车将来很可能实现高度自动化，也可以被称为无臂机器人。他们可以代替人类从事重要工作，人类因此可以去做更多具有创造性的工作。

归纳与总结

智能建筑和自动驾驶汽车表现出机器人的属性：自我指导、决策、数据采集、响应协作等。但是，这些特殊形式的机器人与普通机器人的主要区别在于，它们无法操纵对象。因此可以确定，智能建筑和自动驾驶汽车应被称为无臂机器人。

智能建筑可能不会对就业和未来工作产生很大的破坏性影响。它会让工人更高效地投入工作，而不是像机器人那样机械式地工作。智能建筑中的工人将对优化的环境做出良好响应，并且在智能建筑环境中的工作效率更高。对雇主来说，智能建筑带来的另一大好处就是员工的健康状况将得到改善。虽然我们不能武断地将不良的建筑环境与病态建筑综合征症状联系起来，但有证据表明，改善员工环境所付出的成本可以通过由此提高的生产效率和减少的员工病假缺勤所抵消。伯奇提出的有关病态建筑综合征的经济后果支持了这种论断。

人们可以采集和整合来自建筑物内部和外部传感器的大量数据，并以这些数据为基础实施更好、更全面的数据分析。在未来，当员工来到工作单位，经过身份识别后，车辆停到分配好的最佳停车位，然后他们的汽车或电话会收到有关会议的任何变更通知。通过数据分析，可以显示办公室或仓库空间的利用率以及空间利用率不足或过度利用的可能性，从而达到扩展工作区域和有效利用办公室或仓库空间的目的。

在未来，员工将与智能建筑融为一体，创造愉快和高效的工作环境，人们可以快乐、健康、轻松无忧地投入到工作中，从而创造更高的价值。

自动驾驶私家车的普及将对商用货车司机的就业产生影响，并且将影响人类的未来就业形势。商用车和私家车使用自动驾驶技术的目的非常相似，他们对功能的描述也非常相似。私人自动驾驶汽车将改变一些固有的工作方式，上班族可以住在离办公场所更远的地方，或者利用旅途时间进行高效工作。非驾驶员现在也可以乘坐自动驾驶汽车来出行而不用依赖他人。年轻、年老或无法开车的乘客无须他人帮助就能驾车到达自己想去的地方。消除工作或娱乐旅行的障碍将会创造一个自强自立的社会。

自动驾驶商用车将对卡车司机和货运司机的就业造成严重影响。自动驾驶车辆普及后，驾驶员的数量将大幅减少。在美国，短期内可能还需要长途卡车司机来监督或指挥卡车，但这些工作最终将被完全自动驾驶汽车所取代。在自动化的未来，低薪重复性工作的前景黯淡；但是，车辆维护将更加重视技术。维护对象不仅包括卡车的制动器、照明灯和驱动链，还包括准备安装的复杂电子设备，比如传感器、计算机和通信设备。卡车可与附近车辆共同采集有关天气、道路障碍和交通拥堵的外部数据，并存储在云端以供分析。这样，卡车司机就拥有了重新接受技术培训和再就业的机会。新的送货模式也将有助于卡车司机的再就业，因为“最后一英里”解决方案需要更多的送货司机。

在这两种情况下，数据都非常重要。配置集成软件的智能建筑将存储数据以进行分析和自动化操作。自动驾驶汽车需要访问有关外部条件以及车辆遥测的数据。数据分析不仅能提高智能建筑和自动驾驶汽车的管理人员的预防性维护能力，而且能减少智能建筑或自动驾驶汽车的故障维护时间。因此，智能建筑和自动驾驶汽车需要更多高水平的维护人员。

第三部分
机器人的社会意义

PART 3

在解决技术挑战之前，我们有必要研究人工智能、机器学习、强化学习和神经网络是如何相互关联的，它们的定义是什么，它们与自动化和协作机器人之间有着怎样的关系。

如图2-1所示，云计算是一种潜在的促成因素，但并非在所有情况下都可以使用。作为一项成熟的技术，它之所以被本书引用，是因为它具有灵活管理海量数据的能力，这些数据构成了精确的人工智能和自动化的基础。

强化学习

机器人
自动化

机器学习/
深度学习

协作机器人

基础技术
• 人工智能
• 云计算

自动化和机器人技术的主要促成技术是人工智能，这是一个涵盖广泛的领域，其中包含的几个子领域对于本书主题非常重要。

第六章
数据世界中的机器人

数据融合被视为许多正在开发的新技术计划中的重要组成元素。我们将在下一节中给出数据融合的定义。数据融合在许多领域中都是一项能推动发展的重要技术。现在，随着自动驾驶汽车、智能自动化和协作型自动移动机器人的快速发展，数据融合已成为人们关注的焦点。

数据融合之所以在机器人技术中如此重要，主要是因为机器人成员需要对所有相关数据点达成共识并基于这些数据点做决策。当协作机器人拿起一块木头时，机器人的机械手上的传感器就开始采集数据。数据可以描述机械手握住木材的部位、施加在木材上的压力以及机械手的运动方向。也许人类协作者不会立即理解所有这些数据和附加数据，但可以通过结合其他相关数据（比如向机器人下达的机器或自然语言指令或其他来源的相同数据），以编程方式来进行解读和分析。机器人和人类采集各类数据并加以整合，以创建一个适宜协同工作的环境模型。协作机器人技术需要一种各方都能理解的可靠的通信和决策方法。自动驾驶汽车正在使用车辆内外不同传感器的组合来领导这一计划。即使在空旷的道路上行驶，也需要来自传感器的大量数据，包括激光雷达、雷达、视频和超声波。这些传感器的数据将用于计算物体的距离和形状，车辆的移动速度以及方向。这些数据影响着关于车辆的方向、速度、安全性及其周围环境的决策。如果没有这些数据的融合，车辆将无法安全行驶。

本章将研究协作机器人技术领域的数据融合，尤其是由芬兰坦佩雷大学的蒙塞夫 · 加伯伊教授领导的研究项目。通过与加伯伊教授合作，我们深刻体会到，成功的数据融合是协作机器人技术未来发展的关键技术。此外，我们还将探讨医疗保健领域的 ENACT 研究项目。ENACT 项目基于应用研究，将阐明一些未来综合解决方案的架构障碍。

自主驾驶车辆和协作机器人之间的主要区别是车辆或机器人与人类参与者之间的交互方式不同。协作机器人需要合作制定决策以完成任务，但是全自动驾驶车辆可以完全掌控决策过程，一旦设定了旅程目标，就无须人工干预，车上的乘客就和货物一样，不与车辆产生任何互动。自动驾驶车辆的数据融合的主要任务是维护本地地图，以便机器人能够在已知环境中立足并确定相对于其他机器人的位置。

数据融合定义

在《数据融合技术综述》(*A Review of Data Fusion Techniques*)一文中[1]，费德里科·卡斯塔纳多（Federico Castanado）指出，信息融合和数据融合通常被认为是同义词。

文章还指出，在某些情况下，数据融合和信息融合具有不同的作用。例如，数据融合用于处理原始的未处理数据，信息融合则可以被视为已处理数据的融合。数据融合有许多定义，但最普遍接受的数据融合定义是由实验室主任联席会议（JDL）提出的。阿金渥（Akiwowo）和埃夫特哈利（Eftekhari）参考了20世纪80年代中期开发的JDL模型，许多论文现在仍引用JDL。

> 数据融合：一种多层次、多方面的处理过程，包括对单个和多个来源的数据和信息进行自动检测、关联、联系、评价和组合，以获得精准

[1] “数据融合技术综述”，费德里科·卡斯塔纳多（Federico Castanado），《Hindawi科学世界杂志》(*Hindawi Scientific World Journal*)，卷2013，704504，2013年。

定位以及对实时情境和威胁及其重要性进行实质评估[1][2]。

其他组织机构也给出了数据融合的定义，例如电气和电子工程师协会（IEEE）。而最简洁的应该就是斯坦伯格（Steinberg）在 1999 年给出的定义。该定义以霍尔（Hall）和利纳斯（Linas）[3]的定义为基础，是 JDL 定义的精简改良版。

数据融合是将数据整合以完善状态估计和预测的过程[4]。

基于上述定义以及数据融合和信息融合之间可能存在的冲突，在本章中，我们选用数据融合这一概念，因为它比信息融合具有更通用的定义。JDL 模型并非仅拥有数据融合的时髦定义，其中还包括一些不同的分层，定义了数据融合应用的状态。该模型是由 JDL 信息小组开发，如表 6-1 所示。数据融合模型的这种分层结构也受到一些质疑。分层模型存在一个关键问题是，它们暗示了不同层之间存在某种形式的顺序，尽管实际情况并非如此。分层模型

---

[1] JDL，《数据融合词典》（*Data Fusion Lexicon*）。C3 技术小组，怀特（F.E. White），加利福尼亚州，圣地亚哥，1991 年。

[2] “使用贝叶斯数据融合的基于特征的检测”（*Feature-based detection using Bayesian data fusion*），阿金渥（Akiwowo）、阿约德吉（Ayodeji）、埃夫特哈利（Eftekhari）、马赫鲁（Mahroo），2013/12/01，《国际图像和数据融合杂志》（*International Journal of Image and Data Fusion*）。

[3] 霍尔（D.L. Hall）和利纳斯（J. Linas），“多传感器数据融合导论”（*An introduction to multisensor data fusion*），电气与电子工程师协会会报（*Proceedings of the IEEE*），第 85 卷，第 1 节，第 6–23 页，1997 年。

[4] “JDL 数据融合模型的修订”（*Revisions to the JDL data fusion model*）。斯坦伯格（Steinberg）、鲍曼（Bowman）、怀特（White）。Aerosense99，国际光学和光子学学会（International Society for Optics and Photonics）1999 年。

还暗示循环中没有人类参与，但是当流程中的某些内容较难理解或出现错误时，就需要人类频繁地干预。尽管有这些局限性，但该模型仍然非常适合可视化流程。

表 6-1　JDL 数据融合模型

层级	描述
0	源预处理 / 主题分配
1	对象评估
2	态势评估
3	影响评估（或威胁细化）
4	流程细化
5	用户细化或认知细化

人类：数据融合专家

专家指的是在特定领域（在本书指数据融合领域）中值得信赖的专业人士。如果我们把数据融合功能作为新事物来探讨，那么最重要的事情就是探究其原理。回到远古时代，早期的原始人能够结合来自多种感官的数据来帮助他们生存。他们融合了视觉、味觉和触觉方面的数据，以判断水果是否成熟以及食用是否安全。红色的水果表明已经成熟；触感柔软的水果也很可能已经成熟。如果其他动物正在吃，那说明不太可能有毒；然而，如果它的味道很苦，那么除非特殊情况，否则不适合食用。数据融合对于我们来说并不陌生。数据融合是我们人类日常生活的一部分。一旦我们度过婴儿阶段，我们就开始越发熟练地使用数据融合。听觉、视觉、触觉、味觉，实际上我们所有的感官系统都在为大脑提供数据，以创建我们现实世界的复杂模型。

人类不会将数据整合到某个单一实例中。我们的数据融合方法是首先实施评估，然后丢弃无用的数据。这是一个自动化流程。人类会审视全局，然后忽略无关的数据。我们无法同时关注所有事情，只能批判性地评估我们所接收的数据，忽略掉不感兴趣的数据。如果我们缺乏各种场景下的准确数据，可以基于个人或共享的经验进行估算，以做出有效的决策。例如，如果你在雨中驾驶汽车，那么除了知道道路湿滑，对其他路况并不知晓。如果你在熟悉的道路上行驶，则可以根据记忆更快或更慢地驾驶。而如果你不熟悉道路，就需要推测道路状况，例如你在乡村道路上行驶，周边山丘较多，那你就应该推断出道路容易积水，并相应地减速行驶。根据个人经验推断，并辅以车辆状况、天气和地形的数据融合，驾驶员可以充分了解影响行车的不利因素，从而决定继续驾驶，还是靠边停车等到天气好转。这种能力很难通过编程让机器人掌握。本章将介绍一个制造此类机器人的案例，此类机器人可以基于来自许多传感器的数据融合和“经验”来做出此类决策，从而以与人类这一数据融合的专家相同的方式来改进决策过程。

数据融合的第一步：结构化数字数据

每当提及传感器和执行器时，人们往往会想到结构化数字数据或者可以编译为数字数据的信号。许多传感器都会描述所提供的数据以及该数据的结构。如果待处理的数据类型不清楚，就可能导致数据不足和假设，从而对数据融合面临的挑战产生错误推断。例如，在一个配置了传感器并且信号以“标准”结构化数字形式发送的环境中，其数据处理量与在其他环境中的非传感器数字数据的处理量基本相同。传感器数据可以传输到各种存储或处理系统并进行分析。使用结构化数字数据的主要挑战包括范围、时间和缺乏标准。仅将数据存储到数据库中并将数据结合起来进行分析是远远不够的。传感器具有不同的采样率和定时测量，并且很可能用于监测高度复杂的环境。当机器人手抓住玻璃容器

（比如罐子）时，机器人的手和手臂上的传感器会生成数据，尽管这些数据的格式和采样率很可能不同。压力传感器提供的一些数据可以用于判断机械手施加了多大的压力，而传感器提供的其他数据可用于计算玻璃与机械手之间的摩擦系数。通过将这些数据融合，机器人就可以决定是否增加手部压力。玻璃罐是易碎物体，机器人需要通过来自手部的数据计算出最佳的压力，以确保安全抓住或放下罐子，而不会让罐子从手中滑落或者被机械手捏碎。与此类似，如果机器臂正在运动，而机械手正抓持着玻璃罐，则此时会有更多的数据被采集、分析，并与来自手部的数据融合，以便可以将行进的高度、方向和重量数据与其他数据融合，从而开发更全面的工作模型，改变决策级别，使机器人可以安全运送玻璃罐以完成任务。不同的传感器提供不同的数据，但相似的传感器在不同环境下测量（例如测量水分）时也可能出现数据差异。在田间使用的水分传感器所生成的采样率和数据与在谷仓和干草仓中使用的相似水分传感器的测量数据完全不同。这些传感器十分类似，甚至可能是完全相同的型号，但是田间水分传感器可能每小时采样一次，谷仓水分传感器每天采样一次，干草仓水分传感器每周采样一次。虽然生成的数据将是相同的，但是需要进行数据融合以确保农场水分模型的准确性。通过数据融合，人们可以创建风险和决策模型，并在需要时采取补救措施。

自动驾驶汽车的情况则更为复杂。在不良的非结构化环境中，各种各样的监视数据对于确保安全性和有效性非常重要。某些数据可以离线监控，例如，交通流量监控。由其他设备（如车载多普勒雷达）提供的数据可提供有关远距离物体速度的点信息，但无法提供地理空间数据，因为只有能测定坐标和地址的传感器才能提供此类数据。所有这些不同类型的数据都可以转换并保存在数据库中，经过处理后用于决策数据输入，这一过程可采用数据融合，也可以不用融合。

使用结构化数据实施决策并非万无一失。在某些情况下，自动驾驶汽车由于无法识别行人而发生车祸事故，而事故原因有很多，例如数据采集、数据融合或决策算法本身出现错误。在自动驾驶汽车撞死行人的首个案例中，汽车因为没有及时识别出行人和在短时间内选择合适的替代路线而导致车祸的发生。而且，车辆驾驶员当时因为分神而没有及时做出反应。调查结论是，软件错误是造成此次事故的原因。车载计算机根据外部和内部数据做出决策；数据融合对事故的影响并不大。糟糕的数据经常导致糟糕的决策，但各种媒体报道只讨论决策，而没有关注用于决策的数据（不论是否融合）。

有一种用于自动驾驶车辆的附加数据源，也就是被称为浮动汽车数据的流程，道路上的汽车可以根据移动传感器向交通管理中心反馈的交通状况来行驶。这样就会出现一个常见的数据融合问题。处理海量数据将导致 CPU 和网络的高负载，但可以对车辆所处的当前环境建立更全面的模型。CPU 和网络负载将增加，因为需要分析来自汽车远程信息处理的结构化数据（较易），以及摄像头馈送的非结构化数据和来自公共设施的数据（较难）。

协作系统或协作机器人应交换数据以提高安全性和效率，将这些数据与其他数据融合，就可以开发出改良模型。人类与协作机器人在同一空间协作完成任务时，存在物品损坏或人员受伤的风险。即使与仓库中的智能程度有限的机器人协作，也存在很高的风险。如果与自主协作机器人工作，这种风险就更大，因为如果协作机器人与人类实施真正意义上的协作，那么就不存在固定的“安全区域”。通过实施一定的风险缓解措施，人类就可以使用为协作机器人建模世界的相同融合数据，包括来自机器人的传感器数据、视频、激光雷达和雷达数据。将这些数据融合到通用模型中对于提升安全性和有效性至关重要，并且可以在所有合作参与者之间共享数据。

结构化数字数据并不是整体流程所需的唯一数据类型。结构化数据不足以或不能十分有效地为移动机器人或自动驾驶车辆提供工作环境或动作的准确图像，还需要结合其他各种类型和来源的数据才能做出决策。数据源多种多样，本章前文中自动驾驶汽车示例曾提及部分数据源。来自摄像机的视频数据是数字结构化数据中重要的组成部分。其他数据来源包括用于测定目标的距离、速度和位置的激光雷达和雷达，以及提供定位数据的 GPS 设备。非结构化数据（例如视频、音频和模拟数据）虽然不具有预定义的数据模态，但可以代表被采集和融合到协作机器人的环境模型中的大多数数据。

使用基于结构化数据的规则或人工智能的决策相对简单直接，并且容易实现自动化，请参阅本书第三章“机器人流程自动化”中所探讨的机器人流程自动化的内容。尽管依赖于复杂的非结构化数据的决策本身就十分复杂，但我们仍需制定出支持协作机器人自主性的决策。

基础设施的复杂性推动数据融合

如果结构化数字数据不足以确保机器人和自动驾驶汽车的准确决策，就需要采集更多的数据来确保协作机器人更加安全可靠，并通过提高数据集的准确性来制定更准确的决策。为了改善决策，数据集需要采集和处理非结构化数据并与其他数据进行融合，并应用于较大领域数据集中。非结构化数据将提高协作机器人的性能和安全性。例如，将摄像头的非结构化数据添加到雷达的数据中可以改进环境模型并且确保协作机器人能够更好地识别障碍物。这样就在有效性和复杂性之间实现了真正的平衡。由于协作机器人和人类合作者必须保持持续通信并且无法单独向控制器报告，因此自主机器人在向协作机器人发展的过程中，其复杂性逐步增加。图 6-1 展示了协作对数据融合的复杂性的影响。当新数据到来并融合到内部表征中时，相互协作的机器人就会分享各自环境的内部表征中的更新内容。这样就可以为人类协作者提供更新内容。人类也可以为学习的内部表征提供更新内容，而更新后的内部表征将在机器人之间共享并与它们自身的内部表征相融合。除了数据融合，机器人和人类还通过采集数据，与现有其他数据融合，以创建近乎实时准确的新内部映射。我们来看一个实例。现在有一组由机器人和人类构建的团队正在建造风力涡轮机。几个机器人负责从商店领取和搬运涡轮机叶片并将其运送到施工现场。叶片被运到现场后，由现场机器人接管并托举到适当位置，然后由人类将叶片安装到涡轮机上并进行一些微调。团队中的所有参与者（机器人或人类）都需要保持不间断的通信，以确保每个参与者都能及时制定和修改决策。每个参与者都在提供需要融合到现实世界模型中的数据，然后将更新内容发送给整个团队。

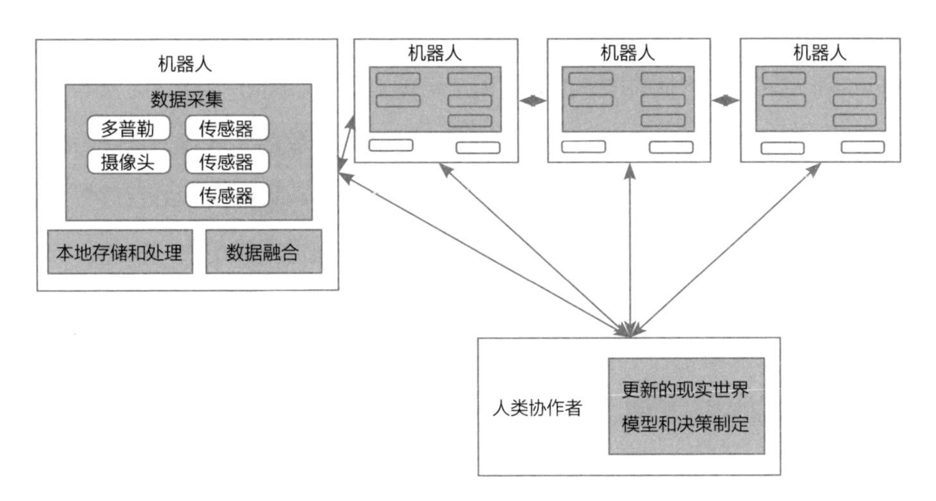

图 6-1　集中式数据融合架构：协作和复杂性

其他协作模式已在第四章“团队中的机器人”中说明和讨论，其中包括单个机器人从多人获取更新内容和指令时所产生的冲突。本章将根据图 6-1 来说明数据融合的集中式架构以及环境的复杂性。不同的数据融合架构会对协作机器人在环境中的性能、安全和保障产生影响，我们将在下一节中进行阐述。

架构及其对协作机器人技术的影响

移动机器人可以被视为一组传感器、摄像头、雷达探测器等。他们在移动和完成任务时会产生大量数据。数据采集架构和数据融合解决方案可能会对决策制定的绩效和可靠性产生影响。数据融合有两种基本架构，集中式架构和分布式架构。两者各有优缺点。

图 6-1 展示了协作机器人技术中普遍存在的复杂环境的简化视图。还有其他形式的架构，其中数据融合作为过程，机器人技术作为环境。与本书的重点一致，我们只考虑多个机器人相互协作。标注“机器人”的方框表明互相协作的机器人当中的个别机器人的能力可能在外观和构造上有所不同，但它们都具有相同的能力。较小的未标注的方框代表与标注机器人的方框具有相同结构的其他机器人，为了清楚简洁，此处省略了标注文本。在图 6-1 中，多普勒表示机器人从传感器、摄像头和雷达中采集数据。数据采集后，被存储在临时存储器中，然后被上传到管理和存储数据的中央服务器。不同类型的数据在融合后，可用于开发更新的视图，该视图是人类和机器人共同视图的组合，例如，仓库布局图，以及可能指示地图变化（比如障碍物）的新数据。这种近乎实时更新的视图可以改善协作的机器人和人类的工作活动。所有机器人和人类都可以更新这种环境内部视图。尽管机器人依赖这种共有视图，但它们仍然具有自主性。

决策不仅是机器人自身具备的能力，而且可以集中指导。举个贴切的实例：建造风力涡轮机时分配任务。每个机器人可以被分配不同的任务，例如搬运叶片或托住叶片。机器人可自行决定移动或站立而无须请示中央服务器，除非它需要进一步的指令，例如，如果传感器检测到障碍物，则机器人的决策可以是停止并将新数据发送到服务器，请求替代路线指令并通知其他协作者。显然，在协作机器人世界中，数据量可能很大。一些传感器每秒采样（读取和传输）数据超过 100 万次。即使机器人附肢上只有十个传感器，也会产生高达 1000 万个数据点。而十个传感器也只是某一部位配置的传感器。非结构化数据（包括视频和音频等）加上 GPS 数据形成了庞大的数据量，而这只是冰山一角。这些数据，加上所有的附加数据，都可以进行处理（或将数据上传后处理），从而为机器人提供准确的操作环境图像。在执行海量数据的融合处理时，复杂的算法将导致极高的 CPU 使用率，从而超过机器人的额定 CPU 功耗。在这种情况下，数据传输速度和网络弹性就显得至关重要。

这种情况就要求对内部测绘图进行精确修订，以与环境中各单位保持同步，但这样就要求稳定的高速网络和性能强大的服务器。这在受控环境中还能维持，但在不可预测的环境中将很难实现。而且，还有因设备功率不足而导致连接性变差的问题。网络末端的传感器将不得不以非常低的功率工作。舞台灯光上的传感器可以获得大量电能，而只能从网络或间歇性太阳能中获取电能的传感器则只能应用低功率。在这种情况下，传感器可能没有足够的功率来对数据执行复杂的操作。数据则可以在现场汇总或分析，然后进行传输。

在本章后文中，我们将提及一家医疗设备制造公司，该公司也遇到类似的功率不足和网络不稳定的问题。这些“网络边缘”设备可以克服集中式数据融合架构遇到的网络和 CPU 占用率过高的问题。例如，某个家庭中安装了一些传感器，其中一部分传感器用于测量亮度等级，一部分传感器用于测量温度或湿度，一部分传感器用于测量运动，所有这些传感器都将数据发送回家居控制器。如果家中居住着体弱多病者，及时采集和处理所有数据至关重要，而不应因更新中央服务器和等待分析而造成延时。本地家居设备或者传感器也属于网络边缘设备，可通过分析来提供即时反馈。例如，如果运动传感器检测到居住者在一段时间内没有移动也没有发送移动数据，运动传感器就会向家中或者其他监护人发送人员未移动的警报。这要比将数据发送到中央监视装置进行分析更快。

图 6-2 展示了一种分布式数据融合架构。从概念上讲，需要在本地执行所有存储和处理功能，然后在本地将数据融合到更新的现实世界模型中。然后将此模型或用于更新模型的融合数据发送给协作团队成员，以便让他们使用更新模型。

实现参与者之间的通信同步是一项复杂的任务。新更新的模型不应覆盖其他参与者的数据或模型，并且不应在未检查接收数据是否与融合数据或更新的本地模型发生冲突的情况下更改其模型和融合数据。这一问题不在本章的讨论范围之内。

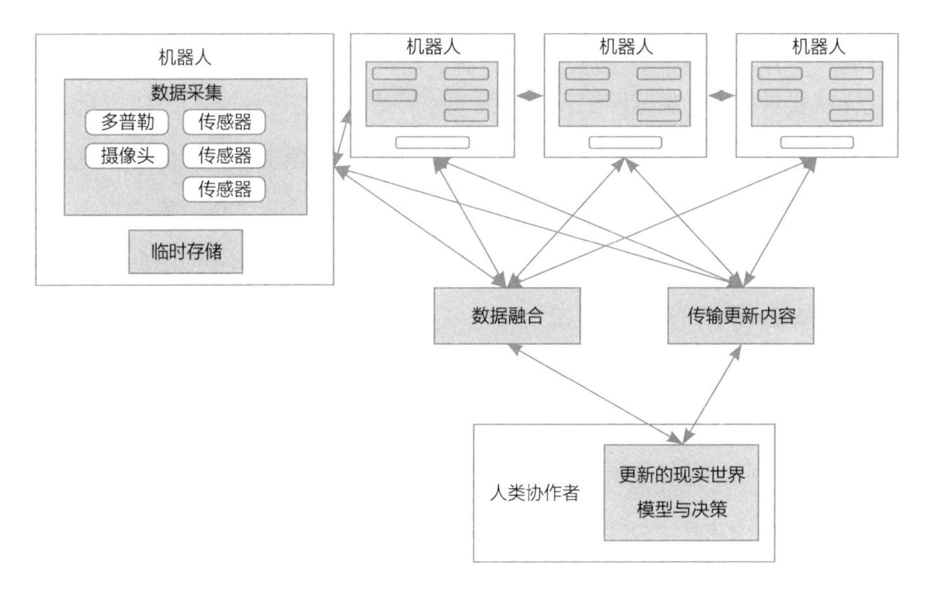

图 6-2　分布式数据融合架构

为了减少网络负载并给出接近实时的结果，每个机器人都需要能够存储数据以进行部分处理和数据融合。融合的数据可以与任何相关的外部数据一起用于更新内部地图和决策库，以便更新结果可以在本地使用。尽管可以共享更新内容，但为了能使用在本地或网络边缘执行的模型技术并分发处理结果和数据融合，每个参与者都需要拥有准确和及时的本地环境视图。例如，如果机器人拥有内部环境地图，掌握货架位置、货架高度、通道的宽度和长度以及要收集的物品信息，机器人就可以在仓库顺畅行进。如果有任何地图中未标注出来的障碍物，就会出现问题，除非机器人能使用传感器和摄像头来识别遇到的障碍物。然后，机器人就可以更新自己的内部地图。而这个障碍物就会作为更新内容被添加到该机器人的数据集里面。本地处理和数据融合可以让机器人快速反应并继续执行任务，即使它正在将更新内容发送给协作机器人团队的其他成员。它不需要发送数据进行融合，因为自己已经完成了数据融合，只需要发送更新内容来更新内部地图即可。

协作机器人的数据融合难题

协作机器人具有自主性，能与其他机器人和人类合作者协作完成任务。他们需要意识到在协作空间中工作的所有参与者，无论是人类还是机器人。在使用数据融合来维护工作环境的现实世界模型的过程中都会遇到一些挑战难题。我们将解决其中部分难题，并通过实例来进行详细阐述。

问题空间

当我们的开发方向从静态重复地制造型机器人转向自主移动型机器人时，就会遇到数据上的难题。静态机器人不必使用传感器来监测自身与工作空间的关系。其作业环境配置有完善的安全程序和物理屏障，人类无法进入机器人的活动空间，从而确保安全。与移动机器人在同一空间工作，需要人类清楚机器人在环境中的位置，也需要机器人能识别在共享空间中的人类和其他物体。仓库机器人可能已经掌握了已学习的内部环境模型，但是除非它们已通过专门设计可以应对不稳定的环境，否则这些机器人将很难适应环境的实时变化。这些仓库机器人可能只需要一个已学习的环境和一个传感器，以用于探测区域中出现的人类。这确实存在一些局限性，我们将在后文举例说明。静态机器人只需在已学习的环境中移动，而无须像协作机器人那样需要复杂的位置感知、传感、数据管理和决策能力。

自主移动机器人需要适应物体、家具、设备和人员频繁移动的非结构化环境。这些机器人会不断检查自身位置及其与实时环境中其他对象的关系。就仓库机器人而言，他们可能已经有一个已知内部环境模型，但是他们发现如果没有雷达和摄像头等设备的额外辅助，就很难适应工作环境的变化。当摄像头被用于数据采集工具后，对数据融合提出了额外的要求；在这些环境中，结构化数据并不是唯一的数据类型。越来越多的非结构化数据应该加以研究，并纳入全局领域数据集。这需要一种全新的方法来管理和分析完整的数据集。

多传感器数据和非结构化数据（例如音频或视频）应以连贯方式组合为关键数据，以用于创建或更新已学习的内部地图。包括音频、视频和多传感器在内的更多的数据类型将更新内部模型，用于描述机器人状态。我们在前文提及的海量数据以及低功耗、可变网络连接性和低存储容量的架构挑战都可能成为协作机器人的常态。所有这些挑战都不是凭空产生。现在需要解决的一个问题是数据丢失、缺失或损坏。不良数据有可能导致危险或困难境地。如果机器人在仓库地板上移动，并且没有其他机器人的 GPS 位置信息，则必须依靠其自带传感器的帮助来避免碰撞。如果数据错误地表明机器人正在将物品移交给另一个机器人，则可能会导致安全问题并损坏物品、机器人或仓库。这是通用商业计算领域中的一个常见问题，但是当自主移动机器人与人类在同一环境中协作和共存时，这个问题就会带来很大风险。缺失或丢失的数据将会影响数据集的准确性，进而影响自主移动机器人做出正确决策。在第七章“社会中的机器人”中，我们探讨了机器人技术的军事用途，以及美国军方目前关于赋予机器人做出射击决定的能力的争论。不同的仓库机器人、医疗机器人和军事机器人所遇到的问题大同小异，即使最终结果有所不同。传感器无法传输数据或传输了意外数据，出现太多的异常值和失效的网络连接都会引发问题。以上这些问题都可能会对机器人或协作团队的绩效产生不利影响，或导致出现危险状况或严重损失。现在存在一些突出的问题，即数据不完整会导致不准确的分析和不良的决策。此外，还需要考虑另一个问题领域，那就是因为数据偏差而导致的糟糕决策。近年来，有许多关于数据偏差的文章，涵盖了从罪犯判刑到选择首席执行官。在这些案例中，人们都发现出现数据偏差是由于数据样本选择不当所致。在许多情况下，数据选择会导致问题。

另一个问题研究领域是潜在的安全漏洞。很多人都看过黑客入侵并控制机器人以达到罪恶目的的电影。虽然这些电影有虚构成分，但现在有许多关于家用机器人和其他与互联网相关的设备遭到黑客攻击的报道，可能是由于此类机器人的安全协议和工具级别普遍较低。詹姆斯·文森特（James Vincent）就曾探讨此问题并且介绍了发生的典型黑客入侵案例——黑客入侵家庭摄像头并监视住户。更令人担忧的是黑客操控家用机器人进行非法勾当并造成损害。商用机器人比家用机器人具有更高的安全级别。我们将在后文介绍ENACT案例，其主要目标是确保那些使用分布式和本地化数据处理、数据管理以及数据融合的医疗机器人和设备的安全。

数据融合挑战的示例

在“问题”和“架构”章节中，我们讨论了机器人用于了解其操作环境的内部地图。我们还提到了对该地图的更新以及随后的状态更改。在本节中，有两个示例说明了人们对机器人的未来需求，即这些机器人应更了解其环境的变化状态以及机器人更新内部地图的能力。这两个示例已被媒体广泛报道，我们引用它们的目的是说明：我们需要进行一些改变，以便让自主移动机器人可以在未知且可能不断变化的操作环境中安全运行。协作机器人可以使用检测功能来创建更准确的环境内部数据模型，从而制定决策，及时解决问题。

示例1

家用扫地机器人在屋内地板上来回移动，捡拾杂物。它使用红外线来检测墙壁和障碍物，以便在房间内顺畅移动。如果机器人检测到新的障碍物，它就会尝试绕开。如果房间里没有人、猫或狗时，机器人的清洁工作就会顺利进行。而如果房间内出现机器人无法识别的杂物时，问题就会出现。在一个案例中，主人的狗在地板上留下了粪便。机器人在清洁地板时，碾过了狗屎，并继续在屋内行进。于是整个屋子都沾满了狗屎，主人遭遇了倒霉的一天。我们可以为扫地机器人增加视频和图像识别功能，通过数据融合和更新机器人的内部模型来帮助机器人决策。

示例 2

亚马逊仓库也发生了类似的事故。据报道，仓库中的自动机器人戳破了从架子上掉下来的防熊喷雾罐，员工因此而受伤住院。如果机器人能够识别出防熊喷雾罐，清楚其中包含有害物质，那么它就会停止前行或绕开障碍物，并及时提示其他机器人。机器人如果能通过（视频）采集的数据来识别问题并将这些数据融合到数据模型中，就会创建一个可以识别危害的内部模型并且改变风险预估，进而做出决策以避免或躲避危险物体。这充分说明，掌握周围环境的情况和机器人操作区域状态的变化将会对仓库内部表征进行实时更新，从而避免发生严重事故。

可行的解决方案

问题分为两大类，即不稳定的环境和数据处理。无论是上述两个示例还是协作机器人技术都是如此。在研究技术解决方案之前，我们先来探讨前面两个示例的可行解决方案。在这两种情况下，都有可以立即实施的可行解决方案。在家用扫地机器人的案例中，主人可以限制扫地机器人只能在没有宠物或其他意外事件影响的房间或时间段工作。而对于危险物质的可行解决方案是将这些物质放置在不同的设施中，并改进存储、处理和管理过程。这些解决方案起到“创可贴”的作用，在短期内会比更换自动化机器人或改变其用途更高效和低成本。

虽然有可行的短期解决方案，但短期的改善从长远来看没有可持续性。可以合理地预期，未来的扫地机器人将有能力识别出它们在清洁时制造的脏乱状况。仓库中的机器人应该能够携带一张机器人和人类所处工作环境的地图并能识别对方携带的货物。针对这两种情况的长期解决方案是开发能够独立移动并识别其空间中的其他参与者的协作机器人。在这两个示例中，机器人应该能够通过分析其内部地图来做出决策，以减轻执行任务的风险；同样，这也需要准确而广泛的数据采集和数据融合。虽然这些更高级的解决方案会花费较高成本，但由此制造出的全新自主机器人将恢复商业模式的灵活性。通过对所有仓库都按照相同的标准配备，而不是针对不同的物品配备不同的仓库，这样就使业务模型恢复灵活性。从长远来看，可以降低成本，从而更快更容易地改进业务模型。如果能确保扫地机器人的操作可以像充电一样简单，可以清洁任何角落，就会增加对买家的吸引力，提高销量。

就协作机器人而言，通过使用来自传感器和摄像头的数据来创建和维护对环境、工具和任务的共享认识时，需要使用数据管理和融合。这些数据将为协作机器人提供信息和背景。图 6-3 通过带数字编号的方框图形描述了完整的过程。本段引用的数字指的是图中的方框编号。该过程从原始数据采集开始（方框 1），其中信号由传感器转换成机器可读形式。这方面的国际标准很少，这就需要国际标准机构进行大量额外工作，为下一阶段的数据采集（方框 2）确定统一的通信协议以及结构和性能，其中数据的存储或传输取决于所选择的架构（方框 3）。在数据采集后进行数据处理（方框 4），该过程取决于多种因素，例如传感器的类型、承载传感器的设备性能、采集数据的类型和环境条件。原始数据被存储后，将接受检验并通过数据融合（方框 6）的方式实施数据结合，进而创建信息。然后，再将这些信息与其他数据（方框 6）融合，以创建更全面的数据集，为分析和决策（方框 7）提供信息。正如前文所述，存储成本和处理成本需要与网络成本相协调。在设计协作机器人架构时，所有这些因素都会影响传感器和架构的决策。如果架构决策采用移动设备通信方式，存储和处理的挑战难题就可以通过很多技术手段进行解决。尽管随着 5G 网络的发展，这种策略可能会发生变化。5G 网络可以高速连接不同的设备。这将意味着可以更快地传输更多数据，并且这可能消除了数据分割的需要。如果存在大量数据，可以使用分割技术来创建较小的相干数据集，以匹配设备的处理能力。为了解决存储问题，可以处理背景信息的数据。通过存储背景信息，可以舍弃原始数据，以节省空间并减少网络流量。

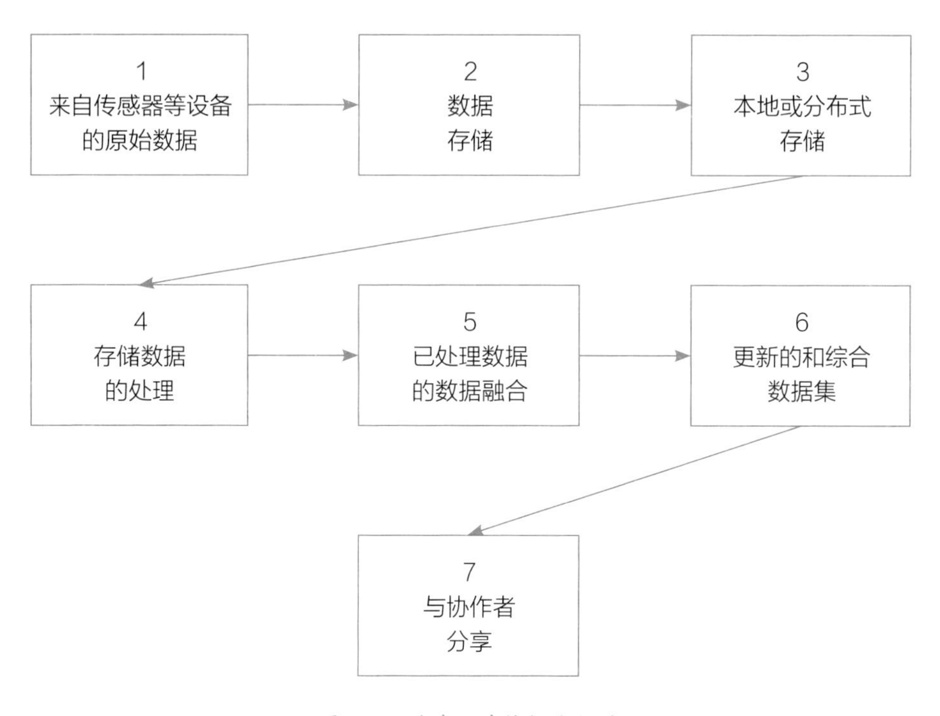

图 6–3　共享环境维护流程图

顾名思义，数据处理意指对原始数据进行某种形式的处理，以提供某种层级的信息。获取一组温度读数并将其分类为“太热或太冷”就是在网络边缘进行的典型数据处理层级。其他数据处理还包括对比协作机器人的位置与地图上安全区的位置，以简单评估机器人是否安全。同样，这种类型的上下文信息可以用于机器人采取下一步动作。当机器人未处于安全区，机器人可能会决定停止移动，直到得到新的指示。这可以在网络边缘发生，也可以将上下文数据传输到中央服务器进行处理。如果考虑安全因素，最好在本地处理数据；如果考虑环境温度，数据可以被集中处理，并与来自其他机器人的其他数据匹配，以便让中央处理器制定决策来更改环境温度。

将摄像头或其他音视频设备引入监控组合可能会增加处理负担。非结构化数据分析比前面提到的结构化数据分析更为复杂。处理的每个数据集都需要与全局视图建立联系，这只能通过某种程度的数据融合来实现。通过将视频、雷达和传感器的数据进行融合，可以更全面地了解机器人和人类协作的世界。视频数据与结构化数据的融合是通过使用算法来完成的，这些算法将不同类型的数据进行组合、调整和关联以创建完整的上下文。例如，数据可能显示某个机器人在阴凉处，而其他机器人在阳光下。那么唯一可能的原因就是机器人感知到的温度存在差异。如果阳光下的机器人正在接近安全操作的极限温度，则可以向机器人团队发送命令，让所有机器人都移动到阴凉处，以保持凉爽，确保操作安全。

在前文中，我们了解了不同类型的数据和处理会对安全或任务产生重要影响，除此之外，我们还应考虑到其他与数据相关问题。修复缺失或不正确的数据（包括异常值）虽然属于数据科学问题，但由于其可能违反安全规定，所以也被纳入我们考虑的范围。有许多算法用于识别结构化数据中的异常值，并且可以在采集数据时将其应用于数据。异常值是指数据集中超过正常范围的数据值，可能会使机器学习结果产生偏差。某些机器学习算法易受数据分布影响。有多种预处理算法可以检测异常值和修复数据集，例如极值分析。其他数据相关问题，例如因摄像头故障而丢失数据，可以使用其他摄像头或 GPS 提供的数据获取丢失的图像来进行修复或更新。

对协作机器人技术的影响

自动驾驶汽车正在解决本书提及的一些问题。但是，此类解决方案更侧重于安全和运输，而不是与人类互动和协作。数据融合在协作机器人技术中比在自动驾驶汽车中更为必要，因为人类协作者需要一个能同步的“全景”视图，并与机器人交换相同的数据。数据缺失、不正确或质量不佳都会影响人类和机器人制定的决策。

不完整或错误的数据融合可能会产生严重后果，对数据采集、数据处理和决策开展更多研究将有助于解决这一问题。安全和隐私也是需要考虑的因素。

在机器人作业环境中，必须确保安全性，防止非授权访问，或者针对可能影响决策的数据更改采取预防、检测和缓解措施。如果机器人配备摄像头来协助工作，摄像头可能会意外捕获其他图像。比如机器人可能会在家中四处乱转，用摄像头拍摄并传播私人生活图片。在某些行业领域，如医疗保健或医疗应用，需要考虑隐私保护。我们在后文将结合 ENACT 项目进行详细阐述。

配套研究项目

在本节中，我们将探讨两个研究项目，它们从各自角度研究数据融合和相关主题，对协作机器人技术以及最终未来工作产生重要影响。

ENACT 项目

ENACT 是一个围绕网络边缘的数据处理的研究项目，其中一些观点对于协作机器人技术非常重要。ENACT[1] 是一个由欧盟基于地平线 2020（H2020）计划资助的项目，尽管该项目的重点是有关于运输和电子健康的物联网（IoT）技术，但对于本书的意义在于网络技术边缘研究的发展。在恶劣环境中从事搜救作业的机器人可以被视为网络边缘设备，可以使用与移动的低功率设备相似的技术。对于远离电源并需要动力来完成其任务的机器人来说，低功率和节能是至关重要的因素。

和许多应用案例一样，该 ENACT 项目将开发一个数字医疗系统，以支持和确保患者能够在家中接受护理治疗而不用被送到医疗机构。在本节中，我们

[1] 项目财团（2020 年 4 月 1 日）。“ENACT：开发、运营和质量保证”（*ENACT: Development, Operation, and Quality Assurance of Trustworthy*）。检索日期：2020 年 4 月 1 日，来自 www.enact-project.eu。

将探讨此系统支持的老年人护理案例。在本案例中，系统控制生活方式设备、照明和取暖设施、门锁等，还控制各种类型的医疗设备和传感器，包括血压、体重、跌倒检测以及视频监控设备和传感器。该系统需要与其他系统（如管理和应急系统）集成，并能向响应中心和护理人员及时发送信息或警报。所有传感器和设备都是在系统的边缘使用各种网络工具完成的。正常的计算机网络在网络末端会配置一台计算机。但是，此例中的传感器具备微小的处理、存储和联网能力。这些设备中有许多是单功能工具（比如测量温度等），它们的数据需要由其他设备（本地或分布式计算机）进行解析。如今，此类型架构的应用逐渐增多，而且很多都应用于联网能力较弱的机器人。在这些场景中，数据融合成为数据处理过程的重要组成部分。尽管目前数据融合仍处于早期实施阶段，但它毫无疑问是我们未来发展的目标。

专家访谈——阿诺·索尔伯格（Anor Solberg）

阿诺·索尔伯格博士是 ENACT 项目的主要贡献者。在采访过程中，我们讨论了网络边缘技术原型，他对数据融合相关性的看法，以及他对 ENACT 项目和其他项目的未来规划。

- 老年人在自己居家生活时会遇到一些问题，这些问题可以进行管理和监控，直到最近他们才需要兼职或全职护理者。即使他们住进疗养院，也会出现同样的问题，例如：
  - 摔倒
  - 太热或太冷
  - 无法进食
  - 血压异常
- 借助低成本低功耗设备，许多家庭都可以通过传感器和摄像头来实时监控，并通过应用程序来采集和分析数据。数据分析是集中进行的。

- 有些分析可能很复杂。比如:“患者躺在沙发上是因为累了还是因为生病或晕倒了?”这可以使用各种工具的组合来解决，如测量血压，检查室内温度，最后的食物摄取时间等。这可能需要通过手机或其他通信设备与患者联系。于是人们就会担心出现太多的错误警报，不仅浪费资源，而且会让患者烦恼。此外，还有数据丢失或出错的可能。如果室温传感器是房间中唯一的传感器，那么它发生故障后就会引发严重后果。在一些房间中，暖气只能确保房间内部分空间的温度适宜，而且打开或关闭房间大门也会让室温产生巨大波动。
- 如果患者处于其住所的主房间并且处于监控视野之内，则可以从视频或其他监控中采集更多的数据。例如，如果患者位于沙发后面，没有被沙发上的传感器监测到，则需要进一步分析监测到的数据，以确定患者是晕倒在地还是正在捡东西。同样，这也可能导致误报。
- 许多重要数据来自部署在房屋周围的传感器和监视器，并使用设备管理以及在可能的情况下使用远程软件进行管理。在网络边缘进行数据处理而仅将上下文相关数据发送至中央单元进行分析，可以确保更好的安全性和隐私性。当前应用程序使用既定规则来确定警报，这些规则根据具体实例来确定。
- 目前，监视患者的人员使用警报作为行动指南；但并没有数据的整体视图。未来，Tellu 公司将开发一种数据融合方法，旨在提高准确性，并能够获得数据的整体视图。这样可以去除更多的错误信息，提高整体性能。目前，尚未确定数据融合算法在实施分析之前是在设备上本地部署还是由中央单元集中部署。

CVDI 协作机器人技术项目

研究项目“协作机器人技术——智能协作机器人和人类：第一部分和第二部分”由芬兰坦佩雷大学的蒙塞夫·加伯伊教授负责。该项目由视觉和决策信息学中心（CVDI）发起，是美国国家科学基金会（NSF）的一项计划，有许多商业和学术合作伙伴参与合作，为项目提供资助或者成为研究伙伴。该项目的最初目标是研究用于人机交互自动化和监控的计算模型。这些模型将提供对各种行为的反应视图。我们将在第七章“社会中的机器人”中进行深入探讨。该项目重点研究协作机器人技术（Co-Botics）。坦佩雷集团重点研究先进的机器学习和识别模式，以促进机器人与人类之间的智能共享合作。本章最重要的内容就是对（可以描述来自现实世界的信号）多视图数据分析的研究。该项目的最终目的是将视觉信息分析与传感器数据分析相结合，并将这种组合分析用于决策。

该项目将继续提升多模态视觉或传感器数据分析方法的性能，以在有效的调度任务中实现高效的人机交互。此外，项目专注于创建数据可视化，结合来自各种类型来源（视觉、深度学习、音频）的信息，以便为机器人感知环境的方式提供思路。我们认为这种可视化可以让我们更好地理解如何在目标场景中增强整体操作并提升机器人的智能。

专家访谈——蒙塞夫·加伯伊（Moncef Gabbouj）

我们通过电子邮件向加伯伊教授提出了许多问题，以探讨一些主题。我们将他的回答总结如下：

- 对于深度学习，我们已在第二章“技术定义”中给出了定义。此处的应用是基于将原始数据转换为更高抽象概念的学习层数量的背景。多视图学习与排序学习的协同作用可用于多视图语言文本排序和图像数据排序。图像数据排序将有利于数据融合在协作机器人中的应用。实验结果令人满意，表明监督模型和无监督模型之间存在性能差异，尽管这仍然是理论工作。有很多论文对此项工作表示支持并进行阐述❶❷❸，推荐人们阅读以获取有关该主题的更多信息。

- 在讨论机器人解决方案中的其他组件时，加伯伊教授指出，除了数据融合，机器人解决方案还包括其他两个组件，即共同创造和情境意识。共同创造是指人机紧密或交互协作。情境意识是指为这种意识开发实际的人工智能解决方案。
- 通过对结构化和非结构化数据的无效融合进行探讨，得出结论，即不良的数据融合不仅会产生不好的结果，而且可能导致错误的结论，因为结果可能会强调训练数据常出现的偏差（前文曾介绍过存在偏差的训练数据）。数据融合必须在不同环境中验证，以确保解决方案可靠。
- 当不同的数据源相互矛盾或不一致时，数据或场景就会被污染或出现偏

---

❶ 曹冠群（Guanqun Cao）、亚历山德罗斯·约西菲迪斯（Alexandros Iosifidis），蒙塞夫·加伯伊、维贾伊·拉加万（Vijay Raghavan）、拉朱·戈图穆卡拉（Raju Gottumukkala）。“深度多视图学习排序”（*Deep Multi-view Learning to Rank*），《IEEE知识和数据工程会刊》（*IEEE Trans. on Knowledge and Data Engineering*）。2019年9月20日。arXiv:1801.10402。

❷ 曹冠群、亚历山德罗斯·约西菲迪斯、蒙塞夫·加伯伊。“具有丢弃正则化的多模态子空间学习，用于跨模态识别和检索”（*Multi-modal subspace learning with dropout regularization for cross-modal recognition and retrieval*），第六届国际图像处理理论、工具和应用大会，IPTA 2016，2016年12月12－15日，芬兰奥卢［IPTA 2016学生最佳论文奖获得者］。

❸ 曹冠群，伊夫提卡尔·艾哈迈德（Iftikhar Ahmad），张洪磊（Honglei Zhang），谢伟义（Weiyi Xie）和蒙塞夫·加伯伊，“大数据中的平衡学习排序”（*BALANCE LEARNING TO RANK IN BIG DATA*），第22届欧洲信号处理大会，EUSIPCO 2014，2014年9月1–5日，葡萄牙里斯本，第1422–1426页。

差，这是数据科学领域的常见问题。加伯伊教授指出，如果是在机器人环境中，那么这些问题就不一定是由不良或受污染的数据造成；可能是由于不同的传感器测量了系统的不同特征，或者这些不同特征可能具有相互矛盾的含义，这样就会让人们产生错觉。在大数据时代，难免会出现很多错误：数据错误、数据缺失、数据偏差。好消息是，我们有办法来解决某些问题。对于从现有数据（而非缺失数据）中推导出的模态，我们还可以采用数学正则化的方法来避免训练过程中的数据过拟合，例如我们在第二章“技术定义”中提及的工作。

- 加伯伊教授提到了有关大数据平衡学习的另一个问题，并推荐使用分布式学习排序方法。训练集中式排序的方法不适用，而分布式方法可以轻松地将规模扩展到数十亿张图像。实验证明，推荐的方法优于直接聚合的提升算法。
- 我们重新回顾缺失数据或不准确数据。加伯伊教授描述了一种场景，当我们知道在某些应用程序中某些数据丢失时，在某些情况下，我们可以根据现有数据推断数据。而在其他场合下，我们会直接忽略缺失的数据，根据现有数据进行推断。我们通常会采用数据过滤来去除异常值，尤其是当我们已经知道此类异常值不会在正常情况下出现。
- 此外还有很多其他关键问题，例如，需要哪些数据和模态来执行推断、融合、学习？最好的模态是什么？以及为什么这些模态是最好的？

在协作机器人技术领域，上述观点正在引起人们的极大兴趣，尽管它们到目前为止只解决了这个领域中的少数软件问题。加伯伊教授关于人类和机器人融合（共同创造和态势感知仍有待解决）的观点表明，我们需要对协作机器人开展更多的深入研究，以实现多种场景下的人机智能协作。

归纳与总结

在本章中，通过研究第一次技术挑战，我们探讨了数据融合的应用。这是一种支持技术，可以帮助解决协作机器人技术中最棘手的问题。协作机器人需要对它们所处的不稳定环境构建共享统一的视图，如果没有数据融合，这种视图将无法构建。在定义了数据融合之后，我们研究了数据融合的主要参与者，即人类。人类是非常成功的数据融合专家。他们可以将视觉、听觉、触觉和其他感官的数据汇总在一起，以构建周围环境视图，并与周围环境建立联系。从数据融合的专业角度来说，协作机器人也应该具有人类的数据融合能力，尽管它们可能不具备转换能力。事实上，未来机器人的数据融合能力应该可以与人类匹敌。人类表现出色且机器人望尘莫及的另一个领域就是模式匹配。人类可以使用非常稀疏的信息来匹配模式，例如一个人的局部侧脸图。在模式匹配中，当大量数据缺失时，人类善于模式识别。

在机器人技术中，结构化数字数据被视为描述对象状态的一种相对简单的方法。而这不是我们考虑的唯一数据类型。结构化数字数据需要被添加到视频、音频、GPS 和其他数据中，以创建近乎完整的自动移动机器人操作环境。这些是数据融合中更大的问题，需要为自主移动机器人提供更全面的内部地图。机器人还可以被视为移动的“网络边缘”设备，可能具有有限的功率和联网能力，并且需要对数据进行特殊处理以提高数据质量。数据融合可以帮助克服当前机器人存在的有限适应性的问题。如果我们在本章前面提及的那些机器人具有更多的传感器、摄像头和其他数据采集设备，它们就可以有效地应对环境，利用环境信息来克服障碍。不仅机器人需要构建相互理解的内部地图或环境，人类协作者也需要了解团队所有协作者的环境背景。通过相互理解，合作团队就可以在安全和有效沟通的前提下运作，以完成他们共同的任务。

研究对于推动数据融合非常重要，目前已有两个研究项目起到重要作用。第一个项目是 ENACT 项目，其意义在于利用前瞻性解决方案来解决当前原型中发现的问题。该项目的原型已经在医疗网站上试用，目前采集的数据还比较初级。但是该项目计划通过传感器和其他数据的数据融合来升级现有和未来数据的分析，以提高当前系统的准确性。这一升级不仅能提高决策质量，还将提高老年居住者的生活质量，使他们能够在自己的家中安享晚年。

第二个研究项目是协作机器人技术项目。该项目是与视觉和决策信息学中心合作开发，旨在研究更快更准确地融合和分析数据的方法。该研究开创了数据分析的新方法，从评估单一数据类型的分析开始，然后引入第二种和第三种数据类型，并将他们融合在一起进行分析。这样就会提高分析来自多传感器的新数据集的能力。当研究进入应用阶段时，我们就可以在实际案例中使用。这项研究正在进行，尚未得出结论。将这些工具构建到工作机器人环境中将成为我们的长期目标。解决数据融合问题将是协作机器人技术的一个重要里程碑。其他领域也正在进行研究和开发，智能交通正在尝试使用数据融合，主要集中在自动驾驶汽车上。车辆制造商正在努力解决车辆和路边传感器的数据融合问题。第五章“无臂机器人”曾对此应用案例进行了阐述。

数据融合是协作机器人的重要组成部分，尽管短期内不会完全应用，但通过研究可以改善此解决方案的中期前景。尽管它是协作机器人工作的重要的和必不可少的组成部分，但目前仍有一些问题需要解决，我们将在后续章节中进行讨论。我们列举人类是数据融合的典范，说明我们实现理想的解决方案还任重道远。协作机器人的自主水平处于较低水平，人类和机器人的融合还有很长的路要走。

第七章 社会中的机器人

“与传统伤害不同，侵权法很难裁定由高度复杂的人工智能所造成的伤害实际是由某人的疏忽或某些产品的缺陷造成的[1]。”

——吉川（Yoshikawa, J.）（2018 年）

现在，我们来看看不起眼的智能扫地机器人。在第一章“机器人会取代人类吗？”中，我们讲述了一个故事，有位朋友的扫地机器人钻入猫砂盆后在木地板上四处乱转，弄得满屋子都是垃圾和粪便。这位朋友还算幸运，只遭受了暂时性的损害，但是如果她遭受了永久性的损害呢？比如机器人损坏了仿古地毯怎么办？如果我们认为机器人是一种工具，可能就会质疑这种情况是否可以预见，以及制造商是否应负有严格责任，因为产品警告和说明未能明确提醒用户在使用产品时应注意躲避高度低的落地容器（在本例中是猫砂盆）。

如果我们认为机器人是提供服务的自主主体，或者如果机器人是由人类远程控制的，我们的法律回应会改变吗？自动驾驶汽车、外科手术机器人或搜救机器人偶尔会犯错，将直接或间接导致人员受伤甚至死亡。在相同情况下，机器人的犯错概率要小于人类，而这一事实也证明使用机器人的合理性，但这并不能免除机器人的责任。

[1] “分担人工智能的成本：普遍无过失人身伤害社会保险”（Sharing the Costs of Artificial Intelligence: Universal No-Fault Social Insurance for Personal Injuries）《范德比尔特娱乐与技术法律杂志》（*Vanderbilt Journal of Entertainment & Technology Law*），2018, 21:1155。

在本章中，我们将讨论用于调节、监控和管理自动化流程、机器人和人类之间协作的策略和工具。我们将在后续章节中讨论这些与工作相关的问题。

哪些方面会出错?

与自动化或机器人系统出现故障时可能导致的惨剧相比，上面提到的扫地机器人的案例微不足道。2016 年发生了一起涉及特斯拉 Model S 自动驾驶汽车的致命事故。根据 IEEE 发表的有关事故的一篇文章，自动驾驶系统使用的摄像头和雷达没有识别出“在明亮天空的映衬下拖车的白色侧面”。而特斯拉公司的首席执行官声称，“为避免出现错误刹车，雷达在看到类似高架道路的标志时会关闭。”在有关事故的声明中，特斯拉指出，涉及自动驾驶汽车的事故极为罕见，并声称:

> 每次自动驾驶系统启动时，车辆都会提醒驾驶员：“请始终用手握住方向盘，准备好随时接管。”系统还会时刻检查以确保驾驶员双手不离方向盘。如果系统感应到驾驶员双手已离开方向盘，车辆则会显示警示图标或发出声音提醒，并逐步降低车速，直至感应到双手重新握住方向盘。

最早记录的因机器人故障而导致的死亡事故发生在 20 世纪 70 年代末到 20 世纪 80 年代初。1979 年，一名来自福特汽车铸造厂的工人罗伯特 · 威廉姆斯（Robert Williams）被要求爬到货架上清点铸件，这是因为一个用于取放铸件的工业机器人零件数量信息有误，于是他不得不上去亲自清点。当他正在货架上忙碌时，重达一吨的机械手臂悄无声息地移动过来将他砸死。

1981 年，川崎公司（Kawasaki）的员工浦田健二（Kenji Urada）在进入受限安全区维护机器人时，因机器人未完全切断电源而被机器人的液压臂推入相邻的机械中，以致丧生。“根据工厂负责人的说法，当机器人周围的金属安全护栏打开时，设备电源会自动切断。但浦田显然没有正常进入，而是直接翻越护栏进入。”

2015 年，Ventra Ionia Main 公司[1]的维修技师旺达·霍尔布鲁克（Wanda Holbrook）在进行日常工作时被机器人设备困住并压死。她的丈夫起诉了该公司以及五家相关机器人公司，五家公司分别是制造机器人的发那科公司（FANUC）、那智公司（Nachi）和林肯电气公司（Lincoln），以及负责安装和维修的弗恩基公司（Flex-N-Gate）和 Prodomax 公司[2]。诉讼称，该公司的安全系统完全失效，机器人本应无法进入工厂的那个区域，并且“专门防止机器人移动而安装的安全门没有起作用。”

通过这些灾难事故，我们可以总结出以下几点：（1）来自传感器和数据库的数据可能包含错误，这些错误会导致人类和机器做出致命的决定；（2）除了特斯拉 Model S 的案例，当人类在附近时，机器几乎没有检测和自我调控行为的能力；（3）当机器人在附近或正在工作时，人类需要保持警惕，工人需要接受培训，学习安全和适用的规程（包括如何关闭机器人）。很遗憾，到 2020 年为止，职业健康与安全管理局（OSHA）目前仍未制定专用于机器人行业的 OSHA 标准。

除身体伤害外，机器人还可能带来其他形式的伤害。机器人可能会错误地将员工的行为归类为危险，通过视频录像记录下来，并将尴尬的视频发送给员工的经理。就此而言，这种行为属于侵犯员工隐私，即使没有到达违法的地步，也肯定会引起信任问题。这些潜在的问题表明，需要出台一些超越普通安全标准的政府法规和公司政策。

---

[1] Vetra Ionia Main 公司：位于美国密歇根州爱奥尼亚市的汽车制造厂。

[2] Prodomax 公司：位于加拿大安大略省巴里市的金属制造商。

机器人能否符合道德规范?

伦理学可以被定义为“有关道德正确和错误的研究，或有关道德正确和错误的信念[1]”。要做到行事符合道德规范，个人或企业都必须监督和规范自己的行为。

有一种管理机器人行为的方法，建议针对机器人制定伦理规范并编入程序以控制其决策，或者通过经验和人工指导来让机器人遵守规范。最著名的基于规则的方法是艾萨克·阿西莫夫（Isaac Asimov）在其1942年的短篇小说《环舞》[*Runaround*,《机器人全集》(*The Complete Robot*)中的一篇]中提出的“机器人三大定律”(Three Laws of Robotics):

> 第一定律：机器人不得伤害人类，或因不作为使人类受到伤害。
>
> 第二定律：除非违背第一定律，机器人必须服从人类的命令。
>
> 第三定律：除非违背第一及第二定律，机器人必须保护自己。

随着阿西莫夫在写作中不断探索，上述这些定律逐渐暴露出一些缺陷和矛盾，于是他添加了第四定律（或称第零定律）:

> 第四定律：机器人不得伤害人类整体，或因不作为而让人类整体受到伤害。

这些定律已经被许多科幻小说用于拟人化描写机器人，但到目前为止我们还没听说有谁尝试将这些定律融入工作机器人系统。事实上，阿西莫夫在制定这些

[1] 伦理学的定义取自《剑桥学术词典》(*Cambridge Academic Content Dictionary*)，剑桥大学出版社。https://dictionary.cambridge.org/us/dictionary/english/ethics [于2020年3月30日访问]。

定律后，总会设法让它们以有趣的方式失灵，从而丰富了故事情节。这些本质上是对抗性的、模糊的，并且基于有缺陷的伦理学理论：对抗性，因为他们暗示没有这些定律，机器人可能故意伤害或支配人类；模糊，因为“伤害”一词本质上就是模糊的——多大程度的风险被认为是有害的？危害和利益之间如何平衡？人类经常参与有益但是涉及风险的活动，例如，参加竞技体育或照顾患者。

受阿西莫夫的启发，其他人也尝试提出适用于机器的道德模型[1]。这些方法存在两个基本缺陷：

（1）很难将行为归类为道德或不道德——要是协作机器人为了患者或医疗团队成员的利益着想而对他们撒谎，这种做法对吗？

（2）复杂系统的规则通常是不完善的，并且较难维护或升级，很难应对意外情况。

关于第一个缺陷，几千年来，哲学家一直试图将伦理学系统转化为一个明确的哲学模型，在未来五十年内，我们都不太可能取得突破。人类已经在宗教和世俗的探索中获取了深奥的智慧，但是并没有哪个单一系统得到所有人认同，适用于所有群体和背景。要想为无论在身体上还是逻辑上都比人类更强大数倍的并且严格遵守规则的规模庞大的机器人（数百万机器人遵循相同的逻辑）设定符合伦理道德的行为规则，其本身就是可怕的挑战[2]。

第二个缺陷是基于规则的系统的固有局限性，不仅涉及伦理道德，而且涉

---

[1] 阿库达斯（Arkoudas, K.）、布林斯优德（Bringsjord, S.）和贝罗（Bello, P.）（2005年11月）。“通过机械化道义逻辑开发具有伦理道德的机器人”（*Toward ethical robots via mechanized deontic logic*）。《AAAI机器伦理秋季研讨会论文集》（*AAAI fall symposium on machine ethics*）。（第17–23页）。加利福尼亚州门洛帕克。AAAI出版社。

[2] 穆豪瑟尔（Muehlhauser）和赫尔姆（Helm）曾在文章中有趣地将Golem Genie描述为一种力量强大并且思想开放的机器人（2012）。“奇点和机器伦理”（*The singularity and machine ethics*）。《奇点假说》（第101–126页）。施普林格出版社。德国柏林和海德堡。

及许多复杂的社会互动和意外情况。我们在前文所探讨的 RPA、聊天机器人和协作机器人都存在这一问题。即使在相对简单的业务流程应用（例如工资单或数据库安全性）中，基于规则的系统也将包含数千条规则以及这些规则的例外情况，应用规则的顺序也非常关键——插入新规则或删除旧规则都可能会产生意想不到的后果。任何一套规则，即使已经做出书面明确解释，也不可能涵盖所有情况或考虑到所有副作用。

如果说基于规则的系统不足以确保行为符合道德规范，那么深度学习系统呢？AlphaGo 是一种深度学习系统，它已经学会了玩两种截然不同的棋类游戏，围棋和国际象棋，并且达到了足以击败人类的水平。深度学习系统能否获得等同于甚至优于人类的道德规范呢？

与当前的 AI 系统不同，人类通过经验以及从父母、朋友和老师那里学习道德规范和良好行为。人类不同于普通计算机，我们在某些领域的认知能力（例如语言沟通）等同于甚至优于图灵机[1]。凭借特定的记忆、感官和注意力以及能在危险世界中生存的独特神经生理系统，人类得以不断进化发展。人类利用其大脑与智慧进行社交互动和生存，还能进行通用分析、广义学习和换位思考。如何实现这些功能，目前仍然是个谜[2]。

---

❶ 乔姆斯基（Chomsky）对语言所需的认知要求的分析表明，图灵机是“所有可能的数学机器的顶峰……也是人类认知所需的最低限度。”沃尔德洛（Waldrop, M. M.）（2001）。《梦想机器：约瑟夫·利克莱德和个人计算革命》（*The Dream Machine: JCR Licklider and the Revolution That Made Computing Personal*）。维京企鹅（*Viking Penguin*）出版。第 132 页。

❷ 托马斯（Thomas, J.I.）（2019）。“神经科学视角下的意识研究现状”（Current Status of Consciousness Research from the Neuroscience Perspective）。《科学神经病学学报》（*Acta Scientific Neurology*），2，38–44；格罗斯伯格（Grossberg, S.）（2019）。“共振大脑：专注的有意识观察如何调控与专注的认知学习、识别和预测相互作用的动作序列”（*The resonant brain: How attentive conscious seeing regulates action sequences that interact with attentive cognitive learning, recognition, and prediction.*）。《注意力、知觉和心理物理学》（*Attention, Perception, & Psychophysics*），81（7）：2237–2264。

要让当前的深度学习进行系统性的学习，必须为其提供一种目标函数，具体说明如何识别正确或错误的结果（例如赢得一场围棋比赛），这样深度学习系统就可以主动或被动地得以强化。将道德行为定义为目标函数对于机器学习的研究人员来说是一个有趣的挑战。不同文化之间的道德观念存在巨大差异，并且在许多极端情况下，即使同一文化中的人也难以达成共识。

此外，当前的机器学习方法无法解决本章开头描述的扫地机器人的问题，也不会解决有关于责任的问题或克服一些基本缺陷，比如扫地机器人缺乏检测其行动效果的感觉能力以及推断其动作与环境变化之间因果联系的推理能力。人类和其他动物在无法受控的自然环境中努力生存，并通过不断进化获得了生存所需的感官和因果推理能力。人类使用启发式方法和不断的调整来应对复杂的情况[1]。

目前，有一种规范机器人行为问题的实用方法，即严格制定适用于机器人制造商、分销商、所有者和用户的指南和政策，规定利益相关者（而非机器人）的职责与义务。

法律救济

法律、法规和政策基于正义与道德、社会惯例和社会期待，以及陪审团、法官、企业高管、新闻工作者和其他社会影响者面对新情况的不断发展的道德（有时甚至是不道德的）观念。海洋法系国家（如英国和美国）普遍使用判例法，通过以前的法律案例来解析新案例。特别是涉及新技术的法律判决通常参

---

[1] 霍纳格尔（Hollnagel, E.）（1992 年 3 月）。“应对、耦合和控制：蒙混过关的建模”（*Coping, coupling and control: the modelling of muddling through*）。《第二届心理模型跨学科研讨会论文集》（*Proceedings of 2nd interdisciplinary workshop on mental models*），第 61–73 页。

考较旧的更好理解的技术案例。根据不同类型的机器人被视为工具、自主主体等形式，并且根据机器人之间以及旧技术形式（例如动物驯化）[1]和其他新兴技术（如克隆和基因改造）之间的独特差异，机器人技术的相关法律、法规和政策将不断完善发展。正如互联网挑战了隐私、财产和基于管辖权和地理的商业法律一样，机器人也将挑战我们对于当前责任、可预见性和意向性的观点[2]。

在过去的十年中，关于无人机和自动驾驶汽车在国内的使用，涌现出很多立法创意[3]。在美国，除了美国交通部的法律法规，各州对其边界内的运输都拥有自由裁量权。2011 年，内华达州成为第一个允许自动驾驶汽车的州，在 2012 年，又有几个州通过了自己的法律。下面我们以加利福尼亚州 2012 年颁布的法案为例进行说明：

---

[1] 对于自主机器人的相关法律应在多大程度上以有关动物的法律地位及其行为后果的法律为蓝本，有一个有趣的辩论。大部分议题是关于动物的自主权以及其行为是否可以由主人预见。具有野生的变化莫测历史的动物赋予其所有者不同程度的义务，但具体情况因国家而异。请参阅凯利（Kelley, R.）、舍雷尔（Schaerer, E.）、戈麦斯（Gomez, M.）和尼克列斯库（Nicolescu, M.）的文章（2010）。《机器人技术责任：将机器人视为动物的国际视角》（*Liability in robotics: an international perspective on robots as animals*）。《高级机器人技术》（*Advanced Robotics*），24（13）：1861–1871。有人提出反对意见，认为将机器人与动物类比毫无益处。尽管诸如可预见性、经验、训练和控制之类的关键问题对机器人和动物都很重要，但实现这些目标的方式差异限制了类比的价值；请参阅约翰逊（Johnson, D.G.）和维蒂奇诺（Verdicchio, M.）。"为什么机器人不应该被当作动物来看待"（*Why robots should not be treated like animals*）。《伦理和信息技术》（*Ethics and Information Technology*），20（4）：291–301。

[2] 卡洛（Calo, R.）（2015）。"机器人技术和网络法的前车之鉴"（*Robotics and the Lessons of Cyberlaw*）。《加州法律评论》（*California Law Review*），513–563。

[3] 德米里迪（Demiridi, E.）、科佩利亚斯（Kopelias, P.）、内森尼尔（Nathanail, E.）和斯卡巴多尼斯（Skabardonis, A.）（2018 年 5 月）。"互联和自动驾驶汽车在希腊、欧洲和美国遇到的法律问题"（Vehicles - Legal Issues in Greece, Europe and USA）。第四届可持续城市交通会议（*The 4th Conference on Sustainable Urban Mobility*）（第 756–763 页）。施普林格出版社，瑞士卡姆。

- 测试：必须有保险证明，公司必须委派一名代表坐在驾驶座上，监控车辆活动，并能够在紧急情况下完全控制车辆。
- 一般操作：车辆必须投保，符合所有安全标准，在公共道路上成功完成所有测试，并且必须符合所有州标准。

我们讨论的兴趣点在于，对操作员的法律定义是坐在驾驶员座位上的人或启动自主技术操作的人，对制造商的法律定义是为车辆配备自主技术的实体或个人。制造商必须确保以下几点：

- 操作员可以直观看到自主技术已投入使用。
- 操作员可以很容易地解除自动驾驶控制。
- 如果检测到故障，系统要求操作员采取控制措施，如果无法做到，将车开到安全区停下来。
- 车辆配置一个能记录碰撞前至少 30 秒的传感数据的“黑匣子”设备。

我们预计，随着机器人技术的发展，这种模式将继续下去，形成从制造商到所有者再到操作员的清晰责任链。与机器人一起工作的人，尤其是那些操作机器人的人，应该了解他们监视和偶尔控制机器人行为的义务。最重要的是，根据现行法律，人类或其所在企业应负有完全责任。机器人被认为是没有独立责任（或权利）的财产，而无论人类赋予其内在的智慧或自主权如何[1]。

几十年来，软件在我们的经济、娱乐、法律制度和日常生活中发挥了至

---

[1] 佩皮托（Pepito, J. A.）、巴斯克斯（Vasquez, B. A.）和洛克辛（Locsin, R. C.）（2019）。“人工智能和自主机器：人类监管的影响、后果和困境”（*Artificial Intelligence and Autonomous Machines: Influences, Consequences, and Dilemmas in Human Care*）。《健康》杂志，11（07）：932。

关重要的作用。然而，在大多数情况下，只有人类才能做出真实的不可逆转的决策。与纯软件应用程序（例如搜索算法或推荐系统）不同，机器人可以操纵世界上的事物，它们可以建造建筑物，移动重物，并且伤害人类。随着机器人逐渐融入我们的现实世界，涉及机器人的意外事故和伤害事件也在相应增加[1]，包括人类利用机器人伤害他人，以及机器人有意和无意造成的人身伤害。

机器人是例外存在吗?

机器人根据自主程度和与世界互动的方式而各不相同。用于战争的机器人与工业机器人完全不同，因为工业机器人是独立操作的，而这两种机器人又与和人类协同工作的协作机器人大相径庭。此外，人类和机器人相遇时的背景差异很大：一个人在知晓风险的前提下同意接受机器人手术与某人路上偶遇自动驾驶车辆是两种截然不同的情况。

在这些不同的情况下，法律应该如何考虑过失、义务和责任？是否可以让机器人承担责任，还是应该始终将责任归咎于人类，例如制造商、分销商、机器人所有者或操作员？我们是否应该制定一种全新的法律来处理这些问题？而且，企业应该采取哪些措施来管理雇用机器人的风险？

法律框架必须平衡个人和社会的不同观点与权利。一方面，法律必须保护人类消费者和员工的权利；另一方面，法律必须具有激励性和灵活性，以便企业可以通过使用和扩展机器人技术来制造满足消费者需求的创新产品。

---

[1] 凯利（Kelley, R.）、舍雷尔（Schaerer, E.）、戈麦斯（Gomez, M.）和尼克列斯库（Nicolescu, M.）（2010）。《机器人技术责任：将机器人视为动物的国际视角》（*Liability in robotics: an international perspective on robots as animals*）。《高级机器人技术》（*Advanced Robotics*），24（13）：1861–1871。

世界各地的法律法规通常按照不同的适用领域划分。针对互联网和自动驾驶汽车所带来的独特社会难题，一些法律学者提出了一种严格例外论，其中网络法（即规范互联网的法律）和机器人技术被视为新的法律领域，每个领域都有各自不同的法律[1]。例外论的支持者认为，互联网和机器人技术是变革性技术，将创造（或已创造）全新的情况，而这些情况无法使用现行法规或法律进行处理。例如，互联网对公认的管辖权概念提出了挑战：如果加利福尼亚州某公司网站在宾夕法尼亚州访问，那么宾夕法尼亚州是否可以就该公司违反该州的商标法或商法而提起诉讼？

与互联网相反，机器人具有实际位置（尽管它们可能通过互联网访问和接收指令）。由于具有物理实体外形，机器人不仅可以无约束地迅速传播信息，同时还会对人类和财产造成伤害。机器人，比史上任何技术设备都更像社会行为者。

强烈例外论是一种法律观点，认为某些技术或情境会与法律先例产生截然不同的法律冲突，因此需要全新的法律框架。例如，一些法律学者提出，就像海商法有不同的规则和机构一样，互联网和虚拟世界也是独立的法律实体，“应脱离领土管辖权制定完全不同的法规”[2]。然而，根据格雷格·拉斯托卡（Greg Lastowka）和丹·亨特（Dan Hunter）的说法：

> 除了早期预测，互联网从未成为独立的社区。网站和其他的网络空间技术是重要通信工具，但它们并没有建立真正独立和自治的社区。相比之下，虚拟角色和虚拟社区仅出现在虚拟世界中，所以虚拟法律在

---

[1] 尽管互联网和机器人技术具有许多共同之处，但它们面临的法律挑战截然不同。请参阅卡洛的文章（2015）。“机器人技术和网络法的前车之鉴”（*Robotics and the Lessons of Cyberlaw*）。《加州法律评论》（*California Law Review*），513–563。

[2] 约翰逊（Johnson, D. R.）和波斯特（Post, D.）（1996）。“法律和边界：网络空间法律的兴起”（*Law and borders: The rise of law in cyberspace*）。《斯坦福法律评论》（*Stanford Law Review*），1367–1402。

这些世界中出现的可能性更大。

与例外论观点相反，许多法律学者认为例外论并不适用于教育和完善法律。就像人们不会为马匹专门制定法律法规一样。人类不应专门制定无人机法律、互联网法律或机器人法律。根据这种观点，社会应该通过法规和判例法，完善的隐私、财产和责任原则来发展，然后将其应用于互联网交易、机器人技术和其他新技术。应该通过应对各种法律挑战来不断完善，形成更深入和更普遍适用的法律概念，而不是将相互矛盾的法律规则生硬捏合在一起。或者，从马的角度来说，“只有把马的法律放在更广泛的商业规则背景下，人们才能真正理解关于马的法律”。[1]

一些法律学者，如瑞安·卡洛（Ryan Calo），建议在强烈例外论和无例外论这两种观点之间采用温和例外论。他指出，现在已经有明确涉及无人机和自动驾驶汽车的具体法规。但他同时认为，新技术有时会造成不平衡或冲突，只能通过彻底更改法律或引入新的监管机构才能得以解决。我们来分享一下他的观点：机器人技术并没有与过去完全划清界限。例如，责任和隐私的基本概念仍然适用。相反，我们可以理解并调整当前的法律框架，以适应不断发展的机器人行业。例如，由于无线电的发明和大量应用，人们创建了一个新的监管机构（后来成为美国联邦通信委员会）。与自主机器人相关的法律冲突推动了联邦机器人委员会的成立。

机器人可以有偏见吗?

机器人有多种类型。一种极端情况是，机器人的行为是确定性的——由于

[1] 伊斯特布鲁克（Easterbrook, F.H.）（1996）。“网络空间和马的法律”（*Cyberspace and the Law of the Horse*）。芝加哥大学法律论坛（*U. Chi. Legal F*），207。

设计、制造[1]、维护缺陷、操作员或所有者未认真阅读警告说明而错误地使用了机器人而导致故障。例如，如果产品说明明确指示“仅可在干燥情况下使用”，而产品所有者却把扫地机器人放到户外游泳池内，那么因此产生的损坏将由产品所有者负责。

另一种极端情况是机器人行为基于深度学习或其他非确定性的随机过程——机器人在特定情境下的反应可能无法由其设计者、制造商、软件程序员、训练者、所有者或操作员预见。在产品交付和培训之后，机器人可能因不可预见的情况实施不恰当行为，而参与产品生产和消费的人员无法对此控制。例如，假设某个机器人在银行接受了迎宾员的培训。在培训阶段，机器人询问每个银行访客的名字以及他们的感觉。在一周的培训中，大多数银行访客恰好是来自北美的白人。结果，机器人的面部和情感识别能力就会产生偏差，一些不符合该描述的访客被忽略或无礼对待[2]。

谁应该对这种偏见和由此产生的侮辱负责呢？答案可能是软件制造商、负责培训的公司、负责维护和质量保证的公司，或者该银行以及接受过培训对机器人进行适当监管的员工。

---

❶ 硬件、固件或软件提供商可能带来机器人的设计和制造缺陷。设计缺陷会影响产品的所有实例—产品按预期制造。设计缺陷反映了制造商的有意识选择，尽管会带来意想不到的后果。与之相反，制造缺陷是随机产生的，在标准和合理的质量检验过程中未被检测到。它们可能因原料缺陷或在生产过程中产生，并且可能仅限于某个单一实例或仅限于生产过程的实例。请参见帝茨（Tietz, G.F.）（1993）。“严格的产品责任、设计缺陷和公司决策：通过更严格的程序加强威慑性”（*Strict products liability, design defects and corporate decision-making: greater deterrence through stricter process*）。《维拉诺瓦法律评论》（*Vill. L. Rev*），38, 1361。

❷ 这个例子并非凭空想象。现实世界中有很多因机器学习算法和训练数据的偏差而引发的类似案例。在某些情况下，一些组织通过产品应用故意制造偏见。《压迫算法》（*Algorithms of Oppression*）（诺布尔，2018）讲述了白人至上主义团体的行为如何影响谷歌的搜索结果，以及未受监管的种族主义言论如何让搜索结果产生偏差。但是，抽样误差也可能无意中产生偏见，例如本案例中的银行机器人。

谁应负责?

根据美国现行法律，机器人以及指导其行为的软件或固件是商业产品，并被视为财产——归属于人类所有者。它们由人类引入市场并进行交易，因此人类应该对这些商业交易承担责任和义务[1]。在大多数美国司法管辖区中，产品的制造商或销售商对因设计缺陷、制造缺陷和缺少正确使用信息（例如警告标签）而造成的损害承担严格责任[2]。

但是，如果没有产品缺陷或所有者承担缺陷风险，那么所有者应对其因未尽到注意义务而导致机器人行为事故承担责任。这类事故是由未能妥善维护、培训或使用而引起的。

如果受伤人员采用危险或故意侮辱的方式与机器人互动，例如，如果有人故意使自己避开检测，进入机器人的可预测路径，或者（如前所述）擅自翻越安全围栏，则应对后果承担部分责任。

根据美国侵权法，任何违法乱纪者如果因其行为引发可预见的重大危险，则需要对由此造成的人员伤亡和财产损害负责[3]。协作机器人的 beta 测试中就

---

[1] 约翰逊（Johnson, D.G.）和维蒂奇诺（Verdicchio, M）。“为什么机器人不应该被当作动物来看待”（*Why robots should not be treated like animals*）。《伦理和信息技术》（*Ethics and Information Technology*），20（4）：291–301。

[2] 对设计缺陷和警告的严格责任的适用可能因州而异。一些州采用消费者期望测试，允许原告辩称该产品在合理可预见的用途和滥用（预期用途之外的使用）下是不安全的。或者采用风险效用测试，允许被告辩称没有替代设计可以减少可预见的伤害并且保持产品优势；请参见阿贝拉特尼（Abeyratne, R.）（2017）。“人工智能和航空运输”（*Artificial Intelligence and Air Transport*）。《大趋势和航空运输》（*Megatrends and Air Transport*）（第 173–200 页）。施普林格出版社，瑞士卡姆。

[3] 沙维尔（Shavell, S.）（2018）。“严格责任对特殊活动的错误限制”（*The Mistaken Restriction of Strict Liability to Uncommon Activities*）。《法律分析杂志》（*Journal of Legal Analysis*），10。

可能发生这种情况。

根据欧盟关于产品责任的指令，制造商必须承担责任，确保“其产品在投放市场时符合其预期用途”[1]。但是，机器人技术可能会使制造商的定义复杂化。制造商是指将其名称或商标置于产品上的人或企业，或产品的进口商，或在交易中提供产品的人[2]。但是，对于机器人，我们应该区分：

1. 硬件制造商：生产或将组件集成到一个独立的、可移动的和统一的实体对象上，可通过传感器和执行器与其环境进行交互。

2. 软件制造商或程序员：提供了用于存储和丢弃信息、图像处理、决策等的逻辑设备。

3. 数据提供商 / 训练者：提供机器人原始销售前所需的任何数据和培训方案。

4. 机器人销售商：通常属于前三类制造商的一种或多种，他们对原始产品交易中的设计、数据、生产和营销缺陷承担严格责任。

5. 机器人所有者：通常是一个业务实体。

6. 机器人的用户或操作员：通常是商用机器人所有者的代理人。值得注意的是，操作员可能会接受培训，学习如何操作和关闭机器人以及护理、搜救、仓库操作、物流、卡车运输等专业知识。

7. 旁观者：没有被要求以某些方式行事和具备必要的知识或经验的人。

---

[1] 佩皮托（Pepito, J. A.）、巴斯克斯（Vasquez, B. A.）和洛克辛（Locsin, R. C.）（2019）。“人工智能和自主机器：人类监管的影响、后果和困境”（*Artificial Intelligence and Autonomous Machines: Influences, Consequences, and Dilemmas in Human Care*）。《健康》杂志，11（07）：932。

[2] 佐诺扎（Zornoza, A.）、莫雷诺（Moreno, J. C.）、古兹曼（Guzmán, J. L.）、罗德里格斯（Rodr í guez, F.）和桑切斯·埃莫西利亚（S á nchez-Hermosilla, J.）（2017）。“机器人责任：使用案例和潜在的解决方案”（*Robots Liability: A Use Case and a Potential Solution*）。《机器人技术：法律、道德和社会经济影响》（*Robotics: Legal, Ethical and Socioeconomic Impacts*），57。

最后，随着人工智能技术为机器人提供更多的自主权，也许我们还应该考虑机器人本身以及任何通过云端聚合和重新分布的集体性机器学习的责任。当使用深度学习系统时，结果并非总是可以预见的。机器人系统可能会学到错误的知识，例如将携带手电筒的行人错误分类为威胁事物，而这可能是因为在训练数据中，大多数入侵者都携带手电筒。或者，在机器人的分类决策中做出了随机选择，产生后果是拒绝对罪犯假释。我们是否有必要将自主机器人视为与财产不同的东西并追究他们的责任呢？

在本章中，我们认为至少目前还不应该将智能的自主式机器人视为道德主体。它们属于财产范畴。它们的制造商、所有者和经营者有义务确保机器人在所有可预见的情况下安全运行。

公司中的机器人，机器人中的公司

“用户通过参与机器人设计，可以在决定机器人制品的用途和技术能力的过程中表达对技术和社会的多种观点。通过对用户在社会和技术方面的选择和反馈进行清楚和系统的分析，可以让机器人设计师、分析师和用户深刻反思机器人所体现的社会规范和价值观，从而能制造出更具社会稳定性、反应灵敏和负责任的机器人。[1]”

——沙巴诺维奇（Šabanović, S.）（2010）

现代软件工程以最佳实践（如敏捷开发和工程实践）为指导，每个产品都根据其功能性和非功能性需求而定义。功能性需求定义了产品的功能或特性；

---

[1] 沙巴诺维奇（Šabanović, S.）。（2010）。“社会中的机器人，机器人中的社会”（*Robots in society, society in robots*）。《国际社会机器人杂志》（*International Journal of Social Robotics*），2（4）：439–450。

非功能性需求定义了诸如可扩展性、可用性、可靠性、性能和隐私性等属性。尽管非功能性需求可能不会直接反映在产品的用户故事、产品特性或功能中，但它会强烈影响系统架构，并且会约束其特性或功能的设计方式。它们可能无法在第一个原型或产品的第一个最初可行版本中实现，但是专业的软件和硬件架构师从产品开发开始就能意识到这些约束条件。

在本节中，我们认为应将道德约束（包括隐私）整合到软件设计和开发实践中。我们首先来探讨隐私，即一种在产品设计初始阶段需要考虑的非功能性需求。

设计隐私

安·卡沃基安（Ann Cavoukian）是一位具有开创性的隐私权倡导者，曾在 1997 年至 2014 年担任加拿大安大略省的信息和隐私专员。在 2010 年，她提出的“设计隐私”（privacy by design）概念获得了国际认可。

设计隐私是一种工程实践，提供了一个可确保数据和软件应用程序保持合理隐私级别的框架。卡沃基安的激进想法是，安全和隐私并非零和博弈（zero-sum game）。恰恰相反，两者的合法目标可以实现调和，特别是当隐私被纳入技术和架构中而不是作为事后的业务实践被添加。

设计隐私规定了七个基本的系统工程原则：

（1）主动的而不是被动的，预防的而不是补救的

（2）默认保护隐私

（3）隐私嵌入设计

（4）全功能——正和博弈而不是零和博弈

（5）端对端的安全机制——生命周期保护

（6）可见性和透明度

（7）尊重用户隐私

尽管这些原则旨在将隐私主动嵌入到 IT 设计和业务实践中，但这些原则可以被提取出来并应用于伦理管理的框架。我们将在下一节中进行详细阐述。

设计隐私已纳入欧盟《一般数据保护条例》，该条例由欧洲议会和欧盟理事会于 2016 年 4 月通过，并在 2018 年 5 月作为法律正式实施。与之产生鲜明对比的是，这样重要的隐私保护指标并未在美国得以实施。2020 年 1 月 1 日生效的《加利福尼亚州消费者隐私法》并未强制要求实施设计隐私原则。

设计伦理

非功能性需求，例如隐私、所有用户（包括残疾人）的易用性、公平无偏见以及受影响社区的福利等，都属于道德要求。安全性、可靠性和性能要求保护软件系统的完整性；道德要求则保护包含该系统并与之互动的个人和社会的福祉。

人工智能伦理是一个备受关注的问题。公众、人工智能和法律方面的专业人士以及企业都有理由担心在应用人工智能机器人和自动化流程中可能出现的判断、偏见和责任等方面的伦理问题。哈根道夫（Hagendorff）曾发表过一篇颇有见地的论文，其中指出，尽管人们绞尽脑汁制定伦理准则，但“……人工智能在实际应用时往往并不遵守伦理要求的价值观和原则”。

尽管有许多有据可查的失败案例，但没有明确的证据表明，这些伦理准则是由开发人员、软件制造商和零售商以及软件本身有意纳入决策实践的。简而言之，设计伦理的状况与设计隐私在 20 世纪 90 年代中期所处境地基本相同：尽管专业团体善意接受这一概念，但没有从技术上予以支持，法律后果也不确定（除非明确违反现有法律）。

尽管如此，我们有必要研究设计伦理如何对机器人设计产生积极影响，以及如何通过最佳的方式和法律来实现这种影响，以便为社区和制造和销售机器人系统的企业及其员工降低风险和带来更大利益。

人工智能伦理最新的讨论焦点如下:

- 将伦理嵌入到机器学习和决策算法中，包括特定领域中的特定问题（例如自动驾驶汽车的决策会伤害其乘客或伤害附近的行人）[1]。
- 通过元分析或由专家推导出来的用于指导设计、开发和部署的普遍原则。

哈根道夫（2019）系统地阐述了由学者、非营利组织和行业提出的 21 条最有影响力的构建人工智能系统的伦理准则，确定了 22 个特征，其中许多特征是各种准则共有的。例如，问责制、隐私和公平分别出现在 21 条准则中的 17 条中，透明度或公开性、网络安全和共同利益出现在 21 条准则中的 15 条中。

哈根道夫提出警告，所列特征中存在偏差。其中一些最受关注的特征已经成为行业和学术研究的重点。他还指出，大多数准则主要由男性编写（约占作者总数的 2/3），其中大多数分析都聚焦于可以分离、交易和定义为具有技术解决方案的技术问题的特征。与之相反，*“AI Now”* 报告[2]（其中女性是主要合著者）认为，“人工智能应用不能孤立实施，而应与社会和生态网络建立依存关系”，强调关怀伦理和社会福祉。此关注点强调了性别、种族和文化多样性在伦理准则定义中的重要性。

哈根道夫确定的 22 个特征可以分为五大类，如表 7-1 所示[3]。这五大类别

---

[1] 尼霍姆（Nyholm, S.）和斯密德斯（Smids, J.）（2016）。“自动驾驶汽车的事故算法伦理学：有轨电车问题的应用？”《伦理理论与道德实践》（*Ethical theory and moral practice*），19（5）：1275-1289.

[2] 惠特克（Whittaker）（2018）。

[3] 此分类表并非由哈根道夫提供，而是本书作者为便于讨论而制定，如出现任何谬误，均由本书作者承担责任。

概括了“设计隐私”原则。这些分类内容并非相互排斥，而是相互影响。括号中的数字表示某一特征出现在多少准则中。

表 7-1　设计伦理分类

类别	已发布的人工智能伦理准则中确定的特征
1. 多样性设计代表	人工智能领域的多样性［6］ 人工智能系统伦理一致设计中的文化差异［2］
2. 问责制、可解释性和透明度	问责制［17］ 透明度、公开性［15］ 人类监督、控制、审计［12］ 可解释性、可解读性［10］ 法律架构、人工智能系统的法律地位［9］ 人工智能产品认证［4］
3. 治理	科学—政策关联［10］ 负责任或强化科研经费［8］ 公众意识、人工智能教育及其风险［8］ 针对具体领域的审议（医疗卫生、军事、机动性等）［7］ 举报人的保护［2］
4. 安全	安全隐私保护［17］ 安全、网络安全［15］ 人工智能军备竞赛［7］
5. 社会影响和福祉	公平、非歧视、正义［17］ 共同利益、可持续性、福祉［15］ 团结、包容、社会凝聚力［10］ 未来就业［8］ 人类自主性［7］ 隐性成本（如环境成本和能源成本）［1］

注：方括号中的数字表示该特征在哈根道夫概述的人工智能伦理准则（2019）中被提及的次数。

在后面的五个小节中，我们将依次探讨表 7-1 中所示五大类别的重要意义。

多样性设计代表

机器人在其设计、开发和使用过程中将与谁直接或间接交互？特别是AI系统和机器人可能会影响许多不同类型的人，它们具有不同性别和性取向、种族、文化、语言和种族背景、性别、认知和身体能力、社会经济地位和年龄。

机器人系统在设计、开发和部署过程中不得区别对待受系统影响的任何人。这并不意味着它会以相同的方式对待所有用户，而是表示它会以适当和公平的方式对待所有利益相关者（程序员、培训师、用户和旁观者）。它可能需要为老年人和年轻人以及残障人士等群体执行不同的任务，但必须以尊重他们的人格和保障他们的社会福祉为前提。要做到这点，设计必须遵循以下原则：

主动性、预防性和适应性：这些因素在所有人工智能系统中都很重要，但在机器人技术领域尤其适用，因为机器人在现实世界中可能实施不可逆转的行为。系统设计必须能实现与所有用户进行交互并且能预见到用户的需求和挑战。如果使用人脸识别系统，必须确保该系统在所有种族和年龄的群体中表现良好。

为各类用户设计时，必须考虑到交叉性[1]。在设计一个公平且适用于所有性别和所有年龄段人员的系统时，必须考虑到这些因素的交叉性（或交互性）——设计一个供小男孩使用的机器人系统远比设计一个只需满足儿童或者男性用户的需求的产品复杂得多。在美国文化中，人们对待妇女、少数民族和残障人士的态度并不相同，因此无法完全预测少数族裔残疾妇女的待遇。设计师必须认真考虑受其设计影响的不同群体的情况。

融入设计、开发和部署中的伦理规范：减少对人类群体伤害的关键方法之一是让该群体的代表直接参与到产品的设计、开发、测试和部署过程中。很多

---

[1] 克伦肖（Crenshaw, K.）（1990）。“映射边际：交叉性、身份政治和对有色人种妇女的暴力行为”（*Mapping the margins: Intersectionality, identity politics, and violence against women of color*）。《斯坦福法律评论》（*Stan. L. Rev*），43，1241。

人工智能系统和机器人在开发时，并未认真研究人种学以取代或改良现有程序。令人遗憾的是，许多系统的设计者、开发者和测试者都是 20 至 30 岁的白人男性。考虑到设计伦理，应该有更多的女性、少数族裔和各年龄段的人士参与到有关人工智能和机器人劳动力的各层级管理和决策中[1]。

此外，还应注意审查这些机器人的社会影响。它们会影响各个行业的就业吗？是否会给某些群体带来更多的利益或伤害？在整个产品生命周期中，应向各个受影响群体的代表征求意见。这一行为将提高收益、减少危害，并提高群体接受度。

问责制、可解释性和透明度

2016 年，新闻机构 ProPublica[2] 提供了强有力的统计证据，证明 Northpointe 公司的软件在向主审法官提供的有关罪犯可能性的建议中存在偏见[3]。制造商声称该统计证据被曲解，但他们拒绝透露有关算法或数据处理过程

---

[1] 诺布尔（2018）在其文章中充分说明了种族同质群体设计的软件的负面影响。“压迫算法：搜索引擎如何强化种族主义”（*Algorithms of oppression: How search engines reinforce racism*）。纽约大学出版社；和常（Chang，E.）（2019）的文章。《男性乌托邦：摧毁硅谷男孩俱乐部》（*Brotopia: Breaking Up the Boys' Club of Silicon Valley*）。Portfolio 出版社。

[2] ProPublica：成立于 2007 年，为一家总部设在美国纽约市曼哈顿区的非营利公司。

[3] 安格文（Angwin, J.）、拉尔森（Larson, J.）、马图（Mattu, S.）和柯克纳（Kirchner, L.）（2016）。“机器偏见：全国各地都在使用软件预测未来罪犯。而这种软件歧视黑人”（*Machine bias: There's software used across the country to predict future criminals. And it's biased against blacks*）。*ProPublica*，*23*。Northpointe 和其他机构对 ProPublica 的结论提出了异议；例如，参见弗洛里斯（Flores, A.W.）、贝克特尔（Bechtel, K.）和洛温坎普（Lowenkamp, C.T.）（2016）的文章。“误报、漏报和错误分析：批驳‘机器偏见：全国各地都在使用软件预测未来罪犯。而这种软件歧视黑人’一文”（*False Positives, False Negatives, and False Analyses: A Rejoinder to Machine Bias: There's Software Used across the Country to Predict Future Criminals. And It's Biased against Blacks*）。《联邦缓刑制》（*Federal Probation*）, 80, 38。

的细节，认为算法和数据是他们的竞争优势和专利技术。

那么在何种情况下才能要求（机器学习系统的）制造商或培训师披露决策中使用的数据和算法呢？难道只能在产生偏见或悲剧性结果之后才可以提供吗？如果某人申请贷款时被拒绝，应该向其提供拒绝的理由，但是否应该向其提供有关算法的细节呢？

我们之前探讨过，个人或组织（例如公司或政府）应该始终对其机器人系统的行为负责，机器人永远不应被视为难以揣测的独立道德主体。当机器人造成伤害或做出不良决策时，受到负面影响的人有权了解真实原因。

有一种用于理解决策或行动原因的方法，即构造能自我解释的算法——在行为发生后实时或根据要求提供有关其行为的解释。另一种方法是要求透明度——制造商应在部署之前披露其算法和训练数据，以便获得符合道德标准的证明，或者根据法院命令，接受其软件和数据的司法鉴定。

可解释性 AI 可以定义为一些可以让专家甚至其他 AI 程序解释算法结果的方法和策略。这种解释可以作为司法鉴定结果来检查系统故障或偏差，也可以纳入初始决策，如“出于以下原因建议批准发放贷款……”。实现可解释性的一种常用方法是使用基于规则的算法，这种算法可以报告与决策中使用的每个规则相关联的权重或风险值。如果无法进行自我报告，数据分析师可以尝试检查数据和深度学习系统（逐层和逐个区域检查），以发现使用了哪些数据以及对结果产生了怎样的影响。

但是，无论算法解释是自动完成还是通过制造商的严格检查后实施，该解释都必须由独立机构进行验证，并且需要具备一定程度的透明度。但问题在于，数据和算法是制造商的知识产权。如果制造商被迫将数据和程序公之于众，他们可能会失去多年投资和研究所获得的竞争优势。

还有一种建议是组建公共治理委员会，以认证或检查保密算法和数据库[1]。此类委员会将独立运营，不受那些创建算法但需要维护机密的制造商约束。为实施合理审计，委员会可以审查在训练和部署期间提供的源代码和数据。但是，这种方法过于烦琐，而且静态方法几乎无法洞悉机器学习算法如何交互并适应数据或其实时环境。在机器学习算法训练后但未部署之前实施动态分析的方法也存在局限性。测试数据将成为与环境潜在交互的子集。如果机器学习过程在其训练或应用中采用随机化方法，则不可能出现重复性——由于中间算法决策结果的随机差异，相同的数据输入将得出不同的结果。但是，出于司法鉴定的目的，软件系统可以存储以前应用过的随机化流程，并且在分析算法时可以再次使用。一些研究人员也赞同此类方法，他们建议使用“黑匣子”，机器人和自动化系统将所有相关数据（感官数据，临时决策等）存储在只能写入的安全存储库中[2]。

制造商可能会拒绝与政府或第三方审查者共享其代码的请求。有人建议将问责制纳入软件体系结构，以便可以对偏见、风险和其他影响因素的指标进行取证分析[3]。这样，审查委员会就能够在没有制造商完全公开机密数据和算法的

---

[1] AI Now 报告（2018）建议：“政府需要通过扩大特定部门机构的权力来监管人工智能，以按领域监督、审计和监控这些技术。”（*Governments need to regulate AI by expanding the powers of sector-specific agencies to oversee, audit, and monitor these technologies by domain*）。惠特克（Whittaker, M.）、克劳福德（Crawford, K.）、多贝（Dobbe, R.）、弗里德（Fried, G.）、卡齐乌那斯（Kaziunas, E.）、马图尔（Mathur, V.）和施瓦茨（Schwartz, O.）（2018）。《2018 年 AI NOW 报告》。纽约大学 AI NOW 研究所。

[2] 温菲尔德（Winfield, A. F.）和基罗卡（Jirotka, M.）（2017 年 7 月）。“伦理黑匣子的案例”（*The case for an ethical black box*）。在《自主机器人系统的年度会议》（*Annual Conference Towards Autonomous Robotic Systems*）（第 262–273 页）。施普林格出版社，瑞士卡姆。

[3] 克罗尔（Kroll, J. A.）、巴罗卡斯（Barocas, S.）、费尔顿（Felten, E. W.）、雷登伯格（Reidenberg, J. R.）、罗宾逊（Robinson, D. G.）和于（Yu, H.）（2016）。“问责算法”（*Accountable algorithms*）。《宾夕法尼亚大学法律评论》（*U. Pa. L. Rev*），165，633。

情况下开展工作。

针对企业不愿部分或全部公开其算法和数据的问题，法律学者认为，应利用现有的法律理论使人工智能和机器人系统的供应商承担更多责任，尤其是针对政府使用的系统。正如克劳福德（Crawford）和舒尔茨（Schultz）指出的那样："……随着人工智能系统更多地依赖深度学习，它可能变得更加自主和难以理解，违反宪法的责任差距有可能变得越来越大。"当违反政策或法律时，必须问责于制造商和数据提供商。永远不要将责任归咎于难以理解的并且原告无法检查或承担财务责任的算法。

问责法律和政策对劳动力有影响。正如威尔逊（Wilson）等人的文章所述[1]，机器学习将创造许多新的工作，包括专注于自动化决策的道德合规经理。这些经理需要获得高级认证并具备多种技能。他们负责在机器人系统设计和开发期间以及部署后对其进行评估和监视。他们必须能够向申诉人、律师和陪审团解释某些行为的动机，以及是否可以预见某些偏见或错误。此外，他们还应熟练编写用于测试各种场景的边缘案例。

治理

工业、卫生服务和政府（包括军方）正在迅速扩大机器人和自动化在决策中的使用。机器人可以或即将参与制造、运输、手术和诊断，监控、搜救甚至战争。一些企业正在安装程序和采取监督措施，以确保透明度和可审计性以及利益相关者的投入，但仍有许多企业没有采取行动。机器人和人工智能行业需

[1] 威尔逊（Wilson, H. J.）、多尔蒂（Daugherty, P.）和比安奇诺（Bianzino, N.）（2017）。"人工智能未来创造的工作"（*The jobs that artificial intelligence will create*）。《麻省理工学院斯隆管理评论》（*MIT Sloan Management Review*），58（4）：14.

要政府和非营利组织制定、认证和执行标准合规性和明确定义的政策[1]。这在其他行业中已经取得了不错的成效，例如通过政府机构（例如，美国食品和药物管理局）或非营利组织（例如，“绿色印章”，一家认证符合健康和环境影响标准的产品和服务的非营利组织）进行监督。

《2018 年 AI NOW 报告》建议各国政府扩大特定部门的非军事机构来监督、审计和监控人工智能技术。我们同意这种方法，并建议能扩展到机器人技术应用领域（包括军事机器人）。这些努力必须在创新需求与员工和公共安全需求之间取得平衡。

政府还应通过现有的法律条款施加压力，鼓励公司披露人工智能何时用于自动化流程（如贷款决策）。消费者和员工将非常欢迎公司能公开数据的使用方式和遵循的道德准则。

这种希望通过公共和非营利组织提供治理措施的需求表明，企业道德委员会应定位于最高管理层级，而不是隶属于信息部门。为了行之有效，他们需要与供应商、工会和员工以及社区和消费者合作。许多企业将任命首席道德官，负责监督将伦理准则编写到现场机器人和自动化流程中。

安全

“硅谷一贯秉承‘快速行动和打破常规’的理念，即鼓励公司快速尝试新技术，不用过多考虑失败的影响，包括谁承担风险。”[2]

——惠特克等人

---

[1] 惠特克（Whittaker, M.）、克劳福德（Crawford, K.）、多贝（Dobbe, R.）、弗里德（Fried, G.）、卡齐乌那斯（Kaziunas, E.）、马图尔（Mathur, V.）和施瓦茨（Schwartz, O.）。（2018）。《2018 年 AI NOW 报告》。纽约大学 AI NOW 研究所。

[2] 惠特克等人（2018）。《2018 年 AI Now 报告》。纽约大学 AI NOW 研究所。

除了必须遵守国家法规的自动驾驶汽车，人工智能系统在部署时并未与受到直接或间接影响的社区和工人进行协商。工人非常清楚所处环境中可能发生的错误和不安全状况，他们参与设计可以推动创新，以创造安全技术和改进流程[1]。

有关安全操作的治理应通过适当的车载控制和外部控制实现自动化。当机器人行为越界时，机器人系统应该关闭系统或恢复到安全配置，例如，进入人类所处区域。同样，用于评估影响人类健康的机器人和人工智能程序不应在无人监督的情况下执行不可逆的决定或行动。当前系统仍存在错误分类的可能性，而且结果不可改变，这表明我们需要谨慎治理而不是一味追求效率。

随着社会发展，我们已经从早期警察步行巡逻发展到乘坐警车巡逻，后来又发明了网络摄像头来实施监控，而现在又发展到使用半自主无人机和机器人来巡逻和保护邻近地区，通过算法来预测哪些区域可能出现犯罪。每一步的发展都取得了明显的成效——警察数量减少，但工作却完成更多。不过，在此过程中他们可能会失去核心技能[2]，警察与社区之间的不信任增加，某些社区的安全性降低。我们应该从这段历史中吸取经验教训——行业、政府和当地社区应该共同努力，创造安全有效的机器人应用。

社会影响和福祉

在工作场所配置全新的自动化或机器人流程会影响员工的士气和幸福感。

---

❶ 请参阅比德尔（Biddle, R.）、布朗（Brown, J. M.）和格林斯潘（Greenspan, S.）（2017）。“从事件到洞察：事件响应者和软件创新”（*From Incident to Insight: Incident Responders and Software Innovation*）。《IEEE 软件》（*IEEE Software*），36（1）：56–62，详细探讨操作人员如何帮助产品设计人员。

❷ 约（Joh, E.E）（2019）。“自动化和降低警察技能的后果”（*The Consequences of Automating and Deskilling the Police*）。《加州大学洛杉矶分校法律评论综述》（*UCLA L. Rev. Discourse*）（2019 年出版）。

如第一章“机器人会取代人类吗？”中所述，最初的“卢德运动”的关键问题不是新技术本身，而是使用该技术并将其纳入工作场所的方式。

卢德分子往往是高薪技术工人，他们对自己亲手生产的产品感到自豪，并且对新技术感到愤怒，原因包括以下几点：（1）新技术降低了纺织品的质量；（2）用低技术工人代替高技术工人；（3）未征求技术工人的意见就大量应用；（4）增加了管理者和工人之间的权力不对称。今天我们也遇到相同的问题。机器人科学家、工程师和体验设计师应了解并报告将机器人系统配置到工作场所或消费市场的潜在风险、危害和益处。这些报告应解决以下问题：机器人系统对当前工人有何影响？当前工人是否应该培训他们的替代者？当机器人和人类互动时会发生什么，是否必须避免一些实质危险？如果机器人被黑客入侵或实施不当行为，会发生什么？机器人的决策或行为是否存在潜在的偏见，从而将权力和利益不对称引入工作场所？

在这种情况下，我们需要为举报人、员工工会或其他形式的组织以及与员工协调的基层社区提供指导和保护。目的不是阻止或拖延创新，而是引导创新选择，使行业、工人和社区都得到保护和加强，以实现双赢的局面。

归纳与总结

在本章中，我们探讨了在不可预测的社会环境中机器人交互的复杂性，以及人类可能在身体上、情感上和法律上受到的一些伤害（如侵犯隐私和偏见）。这些伤害可能是由于设计、开发、培训、沟通缺陷或由错误以及不精确的数据造成的。人类会犯错，机器人也会犯错。

当人类制造商或服务提供商出错或造成损害时，可以通过法院裁定采取明确的法律补救措施。当机器人出错时，应该由谁负责？在本章中，我们采取了法律和人工智能领域众多专家的共同立场，即机器人是产品和财产，与其他类别的产品一样。制造商、所有者、培训师和操作员都应对该产品遵循既定的责任和义务标准。

但是，我们还需要制定法规、条例和标准来促进机器人系统的设计、开发和部署中的伦理准则应用。很难将通用算法的伦理模型嵌入机器人程序中。相反，要通过行业规范和法律法规来推动伦理应用。如今，人工智能和机器人设计师和开发人员主要来自某个单一群体。为了创建一个具有伦理规范的机器人系统，未来的劳动力需要更加多样化。

为了公平地解决涉及机器人行为和其他自动化流程的法律纠纷，基础算法需要更加透明或设计更具可审计性。立法架构必须在创新欲望与安全和道德决策的需求之间取得平衡，但不必将其视为零和博弈。安全和道德决策原则必须从最初就编入算法和数据管道中，而不是在制造流程结束后再添加。

随着行业的成熟，未来将实现通过立法、认证流程和内部公司控制进行治理。在制定和促进流程时，政府应提升公众对人工智能和机器人技术的认识。最后，需要更广泛地研究机器人应用的社会影响。随着社会发展，机器学习算法和机器人技术越发先进和强大，行业、政府、学术界和社会需要共同努力，促进人类的安全和自治，以及实现公平决策。软件工程实践和法律框架必须发展以支持这些伦理目标。

第八章
未来的工作

“从来没有，也永远不会有技术创新使我们远离人性的基本问题……。当我们完全依靠计算来解决复杂的社会问题时，我们实际上就是在依靠人工非智能。”

——布鲁萨德（Brousard, M.）（2018）。《人工非智能：计算机如何误解世界》（*Artificial Unintelligence: How Computers Misunderstand the World*）。麻省理工学院出版社

近几年，新冠疫情席卷全球，世界各地的医学专业人士和科学家都在努力利用他们的专业知识来帮助监测、阐释、诊断、预防和治疗这种病毒感染。

人工智能和机器人技术可以用于识别感染聚集，通过额外的监测和血液测试来验证识别结论，快速确定从附近机场乘机离开的居民所携带的病毒媒介物，并监测目的地是否出现类似疾病。问题不在于技术本身，而在于公共政策、隐私以及国家和国际司法管辖区之间的合作。与数据数量和质量相关的技术问题应得到合理解决；社会问题需要通过国际合作、政治意愿、信任和金钱等手段予以解决。

尽管面对重重困难，但医学界和科学界人士在追踪疫情并在全世界提供援助和建议方面表现出极大的勇气和奉献精神。除了检测和预测疫情传播，人工智能和机器人技术还提供了一系列潜在应用，可用于预测、诊断和减轻传染病和其他大规模社会混乱（如饥荒）的影响。这些应用可大致分为四个主要类别，

如表 8-1 所示[1]。

表 8-1 应用类别

应用类别	示例
1. 监控、检测和分析	● 监控通信和信息流 识别和验证有用信息，遏制错误信息的传播 ● 监控新闻来源和人畜流动 监控和预测疾病传播媒介物
2. 临床护理	● 诊断和筛查 患者数据的处理和分发自动化 血液测试自动化 ● 疾病预防 净化和清洁受感染的表面、衣物和床上用品 ● 患者护理和疾病管理 为医院和偏远患者提供陪床护理服务
3. 物流和通信	● 优化通信流程 使用聊天机器人和 RPA 为公众提供卫生服务，并自动执行这些服务 ● 自主运输服务 将患者或潜在患者运送到护理机构 运输受污染的标本和废物
4. 保持连续工作和维持社会经济职能	● 远程操作和自动化 通过机器人和远程控制维持生产制造和公用事业运营 通过自动化流程订购日常用品，使用机器人运输商品和为当地商店补货

[1] 杨（Yang, G. Z.）、尼尔森（Nelson, B. J.）、墨菲（Murphy, R. R.）、乔赛特（Choset, H.）、克里斯滕森（Christensen, H.）、柯林斯（Collins, S.H.）和克拉吉克（Kragic, D.）（2020）。《抗击新冠疫情——机器人在管理公共卫生和传染病中的作用》（*Combating COVID-19—The role of robotics in managing public health and infectious diseases*）。

如今，人们采用一些技术应用（例如社交机器人）来缓解社会孤立综合征以及自动处理新患者的数据。新冠疫情很快就引入了这些技术。例如，位于康涅狄格州的曼普伍德（Maplewood）高级生活设施引入了机器人来帮助居民保持社交距离和隔离，在都柏林的曼斯特（Mater Misericordiae）大学附属医院，RPA 试点项目提高了新冠病毒检测效率，“使工作人员能够在必要时迅速采取感染预防和控制措施”。

然而，自动化静脉穿刺和后续的血液分析是一项研究挑战，但目前正在评估人类使用的解决方案[1]。如果成功，采用自动化流程或机器人技术提取血液，然后立即测试血液样本，既可以保护健康，又可以极大地提高筛查效率。此类应用未来将改变医疗保健和疾病控制。

工作转型

随着人工智能、自动化和机器人系统逐步改变了我们的工作和娱乐方式，它们也正在逐步提升我们对人机协作的未来期望。这些技术能让我们发现数据的相关性，从而发明新药或开发现有药物的新用途，实施数千次平行实验，成功执行搜救任务，并使用半自主探测器和卫星来探索行星。它对手术、就业筛选和客户服务的影响更加复杂，既有积极的结果，也有消极的结果。而且，军事机器人的潜力令人恐惧。

社会与人类一直迫切希望能找到可以提供明智指导并且帮助他们完成极度

[1] 例如，请参见莱普海默（Leipheimer, J. M.）、巴尔特（Balter, M. L.）、陈（Chen, A. I.）、潘廷（Pantin, E. J.），达维多维奇（Davidovich, A. E.）、拉巴佐（Labazzo, K. S.）和亚穆什（Yarmush, M. L.）（2019）。“针对手持式自动静脉穿刺装置快速抽取静脉血液的首次人体临床试验”（*First-in-human evaluation of a hand-held automated venipuncture device for rapid venous blood draws*）。《技术》（*Technology*），7（03n04）：98–107。

困难、危险或厌恶的工作的人或事物。于是，人工智能和机器人应运而生。我们也知道这些期待事物的阴暗面：怀有恶意的超级智能产生的风险，机器人失控的愿望会带来破坏，或者一部分人因过于懒惰而造成缓慢的自我毁灭（因为其他人正在忙着工作或做决策）。

在本书中，我们从中立的角度研究了这些新技术带来的利益、破坏和不幸，坚信通过勤奋努力和有效治理可以创造一个更美好的社会。在这个社会中，危险、困难、乏味或肮脏的工作都是由人类指挥机器人完成。通过应用“设计伦理”原则，制造商可以设计和开发与人类共生的协作机器人。

人工非智能

当人们探讨机器人和自动化如何改变人类的工作和文化时，往往会提出有关人工智能的问题：机器会变得像我们一样聪明吗？甚至更聪明？他们会掌控世界并统治人类吗？还有多久？

在本书中，我们没有关注通用人工智能，它被定义为机器针对任何认知任务所具备的学习和推理的假设能力，等同于甚至超过人类能力。这种假设能力可以与当前人工智能系统的特定领域能力相媲美。这些现行系统具备卓越的专门技能，可以玩双人游戏或六人扑克，准确预测天气或模拟分子形状。在扑克游戏中能战胜人类的算法不可能预测天气。每个算法都根据其“游戏”的参数进行调整。

关于人工智能及其局限性的讨论通常会引发关于图灵测试的讨论。图灵测试是对机器智能的标志性测试，尤其是对其会话能力的测试。

该测试通常被构建为“游戏”，其中人工智能软件参赛者试图表现出与人类无法区分的智能。如图 8-1 所示，在测试过程中，询问机通过文字与机器和人进行通信。人机双方互不可见，而询问机要判断哪一方是人类。询问机发送一条文字讯息，机器和人各自回答。从机器和人类的角度来看，对话是二元的——他们只知道自己正在与询问机进行对话。

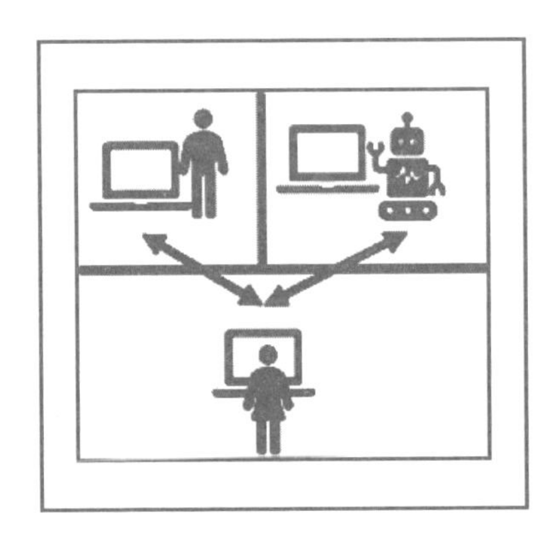

图 8–1 经典图灵测试的示意图

2020 年 3 月，本书作者询问亚马逊公司的 Alexa 机器人：“Alexa，你可以同时与多个人交谈吗？”Alexa 回答：“很抱歉，我也不清楚。”接下来作者又问：“Alexa，你可以通过图灵测试吗？”Alexa 回答说：“我不需要进行测试。我不想伪装成人类。”对话界面程序目前在复杂对话中跟踪对话流的能力有限，并且通常无法回忆或使用先前的对话。显然，我们采访的 Alexa 机器人无法通过图灵测试。

几个对话界面程序的开发人员声称他们的软件已经通过了图灵测试，认为如果计算机被误认为是人的时间超过总对话时间的 30%，图灵测试就通过了。

2014 年 6 月 7 日，一个模拟 13 岁男孩的软件程序尤金·古斯特曼通过了图灵测试，即雷丁大学的比赛。在 2018 年 5 月 9 日，谷歌公司的首席执行官提到谷歌的语音对话技术 Duplex，“在预约领域，它通过了图灵测试。”[1]Duplex 的精彩演示令人印象深刻——它在回答前会暂停一下，拉长某些

---

[1] 理查德·尼耶瓦（Richard Nieva）（2018 年 5 月 10 日）。“Alphabet 公司主席声称谷歌的 Duplex 采用独特方式通过了图灵测试”（*Alphabet chairman says Google Duplex passes Turing test in one specific way*）。CNET。www.cnet.com/news/alphabet-chairman-says-google-duplex-passes-turing-test-in-one-specific-way-io-2018。

元音，仿佛在思考一样，并在适当的时候插入“呃”和“嗯”。

这些对话界面程序通过了图灵测试吗？我们并不这么认为。正如哈纳德（Harnad）在1992年所建议的那样，图灵测试并非旨在通过巧妙的干扰来赢得5分钟的游戏。“模仿游戏”的三种变体所要表达的意图并不是制定一个5分钟的模仿人类推理、对话或其他表现形式的能力测试。哈纳德的意图是，模仿游戏是一个思想实验，旨在证明（人类或其他智能体的）智力属性不是建立于短暂互动后获得的对方思想的任何深层内在知识，而是建立在丰富的经验之上。我们不会读心术，只能判断行为。

我们在本书即将收尾时提出此观点，有以下三个重要原因：

第一，模仿人类以混淆判断谁是人类和谁是机器不应该成为协作机器人或自动化的目标。试图愚弄人类伙伴可能是一种严重违反道德的行为——当某一决策或行动完全基于某种算法时，应该清楚这点：无论是其投资建议，有新闻价值的事件报道，还是对某人是否有罪进行严肃判断，对于那些受到影响的人来说，应该始终清楚该决策或行动是基于机器决策的结果。

第二，组织和机构经常错误地认为机器智能会做出更好的决策或更客观和具有较少偏见的决策。当游戏规则明确时，基于机器的决策效果最好，例如国际象棋或围棋的机器学习系统（其中业务流程定义明确并且每个决策点都由流程架构师考虑到）。人工智能的直接危险不是通用超级智能，而是机构和企业将重要的决策“外包”给机器学习系统，这些系统因其处理的数据以及促成其决策的特定领域和单一目的算法而产生偏见和局限性。

第三，那些曾宣称图灵测试而被大肆炒作的算法往往在经过仔细审查后被证明名不副实。在我们编写本书的过程中，很明显，本书所探讨的领域的感知进展大于实际进展。这得到了我们在项目中的同事、来自世界各地的研究人员以及我们自己的研究结论的支持。据媒体报道，自动驾驶汽车刚刚兴起，智能建筑正在高速建造，业务流程正逐步实现自动化，我们很快就会看到面向客户的和一线的操作人员被对话软件机器人完全取代。

这些进步还包括可以替代医生的医疗机器人，管理端到端供应链的机器人以及农业中的机器人采摘者。本书作者曾遇到一位母亲，她描述了自己对 5 岁女儿的未来的担忧，因为所有的工作都被机器人和自动化系统抢走了。她的焦虑之情显而易见，也可以理解。这也为本书的创作提供了一些动力。

与机器人一起工作

未来，很多人的工作将会发生变化，某些领域的就业形势也将发生巨变。随着运输、供应链和办公等领域的用工需求减少，就业形势也越发严峻。

如今，越来越多从事可重复的文书工作的职员失业，而诸如 RPA 的工具则加速了这一趋势。其中一个原因就是 RPA 的进入成本较低，对中小型企业具有吸引力。而且培训成本也相对较低。与程序员编写程序相比，流程自动化可以更容易地实现。RPA 也颇具吸引力，因为它能够每次都以相同的方式重复某个过程，不会感到疲倦或乏味，也不会出错。根据在线文献，RPA 已经通过测试离开实验室，成为趋于成熟的解决方案，目前已经开始销售，应用于业务流程。在 RPA 相关章节中，我们还讨论了将解决方案保留在信息部门或与信息部门分开的策略，这也可能对人员编制造成影响。由于新冠疫情，人们被迫居家工作，这也加快了变革的步伐——医院、食品分销商和制造商开始更愿意启动引入机器人和自动化的试点项目。

然而，人们从琐碎的任务中解脱出来后，可以从事更具创造性和更复杂的工作，这样就会创造新的就业机会。随着在家庭中和在新型专用智能建筑中的工作日益增多，人类的就业形势也随之发生改变。

人工智能、机器学习和深度学习可以推动自动化向前发展。目前 RPA 只能执行现有流程。在 RPA 相关章节中，接受采访的塞尔日 · 曼科夫斯基指出，当流程自动化转向流程优化时，AI 工具将显示其重要性。

智能自动化应该能够检查业务流程及其配套基础架构，并从端到端优化整个流程。这将对劳动力造成影响，因为它能以更灵活的方式做出决策。

要成功将机器人系统集成到工作场所中，就需要仔细审查目标并了解受新流程影响的员工的态度。更改业务流程可能会在某个关注领域中提高效率，但同时也可能引发其他物流和社会问题。当工人与协作机器人一起工作时，他们必须确信协作机器人不会记录他们的每一个动作和话语，这样数据就可以被保密，除非有一个非同寻常的和令人信服的法律理由来进行分析和披露。这不仅适用于可以移动并直接与人类互动的社交机器人，也适用于自动驾驶汽车和智能建筑，以及筛选电子邮件的机器人软件。确保透明度和坚守道德准则对于构建健康的工作环境至关重要。

实现成功的应用需要时间、耐心和金钱。成功不会以“互联网速度”完成。非常贴切的例子就是自动驾驶汽车和卡车。最初，人们期望在短短一年左右的时间内就能实现车辆无人驾驶并上路，而现在的想法已经有所转变，认识到改革需要时间。由于法规和技术难题，在未来几年内车辆仍需要监督者或者司机全程跟护。需要建立一个完整的生态系统，其中包括完善的法律法规、道路服务提供商，以及可以使用机械臂搬运的集装箱等，并且还需要机器学习算法。

在这个新的生态系统中，人类可能会失业。例如，在已经实现自动化的交付和供应链中，机器人已完全替代人类工作。在这些领域中，虽然出现失业情况，但也实现了生产力的提升并带来了全新的工作机会。当无人驾驶车辆取代普通车辆后，将为高端维修和维护人员提供就业机会。未来将需要计算机工程师解决无人驾驶汽车技术的问题，以及机械工程师来解决发动机和制动器的问题。再培训将成为迎接无人驾驶时代的重要因素。

乘车上班族将有机会改变他们的工作方式。如果你可以在无人驾驶车辆中工作而不晕车，则可以提早下班回家。住在郊区也没关系，因为可以利用长途通勤时间来完成工作。当人们改变工作方式后，就会更好地平衡工作和生活，减少与压力有关的疾病，并减少“路怒症”。

在某些因病缺勤率很高的企业中，员工健康问题令人担忧。智能建筑可以为员工提供个性化的环境，降低病态建筑的发生率综合征。假设工作人员需要停车信息，智能建筑还能够通过向乘坐无人驾驶车辆上班的员工发送停车信息来消除停车给工作带来的压力。

数据融合是一种工具，这类技术可以提供所有利益相关者都可以理解的工作环境的综合视图。高质量机器学习和真实世界模型目前仍处于实验室研究阶段，但是有许多研究机构正在致力于解决这些问题。采集数字、视频、音频、雷达和 GPS 数据并融合到单个视图非常复杂，数据融合结果的演示也将是一个难题。其中一些解决方案将需要时间来开发和商业化，其影响不会在未来几年中显现，而是需要更长的时间。

协作机器人可以提高人类协作者的工作效率。当协作团队中加入自动化实体时，人机的远程和近程协作就成为可能。例如，在小空间里由机器人和人类调酒师、服务员组成的协作团队与在广阔空间工作的搜救团队使用相同的技术。诸如扫地机器人之类的简单机器人将发展为与人类居住者、厨房电器和废物处理机器人协作，以管理家庭、办公室或工厂。在维护安全和决策判断方面，仍有许多复杂的技术问题需要解决。其中许多问题可能在未来很长时间内仍然存在，但它们最终一定会得到解决。随着协作机器人的发展，社会也在不断发展。在未来，我们将面临与技术挑战一样多的社会挑战。

结语

每当探讨机器学习和机器人技术时，我们总会被问到：“你们能为那些进入劳动力市场的人提供哪些建议？”我们的回答是：计算机、互联网、自动化和未来的人工智能机器人已经或正在改变我们的工作。但这并不意味着人类应该与机器竞争，而是我们应该体现人性化的优势——人类比任何时候都需要具备的适用于行业的技能是好奇心、社交能力、思想和观点的适应性、创造力，道德判断力和自然智能。

致 谢

首先，我要一如既往地感谢我的妻子帕特和我的女儿乔治娜，是她们给予了我莫大的宽容与帮助。如果没有她们的无私付出，我也不会顺利创作完成本书。

其次，我要感谢凯伦 · 斯丽思（Karen Sleeth）女士对我的鼓励和支持，她为本书提供了宝贵的建议。我还要感谢三位接受我采访的朋友，他们通过面谈或电子邮件的方式与我进行了交流。已故的塞尔日 · 曼可夫斯基（Serge Mankovski）曾与我共事十余年，他的创新理念和宏观思维为本书的自动化和协作机器人章节提供了重要帮助。阿诺 · 索尔伯格（Arnor Solberg）为我理解医疗保健和物联网的发展，以及数据管理和数据融合的策略提供了无私的帮助。蒙塞夫 · 加伯伊（Moncef Gabbouj）是信号处理领域的领军人物，他和他的学生正在研究采用新的 AI 模型来处理复杂数据和融合数据。这三位朋友均为本书所述理念提供了大力支持。

最后，我还要感谢我的合著者史蒂夫 · 格林斯潘，他在研讨中总能提出全新的观点。与他合作真是太棒了。

——彼得 · 马修斯

撰写本书是一段漫长的旅程，充满了沮丧和喜悦，时而困惑不解，时而灵感闪现。在此，我要感谢我的妻子和家人，他们给予我鼓励与支持，让我每天都沉浸在幸福之中。我还要再次感谢我的妻子温迪和儿子乔纳森，因为他们认真阅读了本书的若干章节，并提出了很多启发性的问题、有益的建议等。《在潜能中溺亡》（*Drowning in Potential*）的作者，经济学家罗德尼 · 华莱士（Rodney Wallace）阅读了本书第一章的初稿，并提出了很多建议，也帮助我避免了很多错误。在此基础上，我修订了其他内容。

此外，很多优秀的老师、同事和朋友也帮助我深入理解了信息技术、机器学习和社会科学。关于本书，我要特别感谢史蒂夫 · 克兰德尔（Steve Crandall）、黛博拉 · 丹尼尔森（Deborah Danielson）、乔治 · 瓦特（George Watt）和已故的塞尔日 · 曼科夫斯基，我们在机器学习、可穿戴设备等方面进行了许多交流。曼科夫斯基和我共同发布了许多论文和专利，他拥有无穷的创作热情，我们在物联网、机器学习和自动化方面进行了热烈探讨。当然，我还要感谢我的合著者彼得 · 马修斯，感谢他的真挚友谊与宝贵观点，感谢他邀请我加入他的旅程。他是一个令人愉快和鼓舞人心的好伙伴。

——史蒂文 · 格林斯潘

致谢

我们在此诚挚感谢 CA 技术公司的前任经理乔治 · 瓦特的鼓励和反馈。他是一位十分专业的技术评审员，正是由于他提出的很多问题、见解和建议，才使本书日臻完善。

我们也感谢玛利亚 · 维莱斯 · 罗哈斯（Maria Velez-Rojas）的贡献，她领导了许多有关数据和可视化的研讨，并分享了她的专业知识，但出于个人原因无法成为本书的合著者。

最后，我们感谢丽塔 · 费尔南多 · 金（Rita Fernando Kim）的耐心指导和明智建议，让我们的写作步入正轨。此外，我们还要感谢苏珊麦克 · 德莫特（Susan McDermott）和 Apress 出版社团队的耐心指导。

——彼得 · 马修斯和史蒂文 · 格林斯潘